BEIFANG HANQU
SHESHI PUTAO
SHUIFEI YITIHUA
ZAIPEI JISHU

北方寒区设施葡萄
水肥一体化栽培技术

刘怀锋 主编

中国农业出版社
北 京

北方寒区设施葡萄
水肥一体化栽培技术

主　编　刘怀锋

副主编　于　坤　史为民

编　者　赵宝龙　王登伟　赵丰云

BEIFANG HANQU SHESHI PUTAO
SHUIFEI YITIHUA ZAIPEI JISHU

前言

设施葡萄栽培是一项资金投入大、技术要求高的新型果树栽培模式，近年来栽培面积及规模在我国北方寒区逐渐扩大，但因受地域环境、设施结构、管理技术等因素的影响，设施葡萄生产的效益不明显，产业发展缓慢。石河子大学果树栽培技术团队对寒区设施葡萄栽培技术进行了长期的研究和积淀，在设施葡萄品种引育、寒区温室标准化建造及设施葡萄标准化种植、水肥一体化方面形成了一套技术理论。

全书由刘怀锋主编，共分为四章，主要包括北方寒区设施葡萄品种、北方寒区设施葡萄田间管理技术、北方寒区设施葡萄水肥一体化原理与管理技术、北方寒区设施葡萄加气灌溉原理与技术。其中，赵宝龙副教授编写第一章，刘怀锋教授编写第二章，王登伟教授编写第三章，赵丰云副教授编写第四章，史为民副教授负责附录的撰写工作。于坤副教授负责该书的统稿工作，硕士研究生郑小能、王生海、赵阳、张洁、王军武、姚东东等参与了部分编写工作。

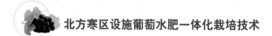

　　本书的出版得到了新疆生产建设兵团重大科技计划项目的支持及新疆生产建设兵团农业局、石河子农业科学研究院的大力支持和帮助，在此表示诚挚的感谢！由于水平有限，错误及不足之处在所难免，请读者批评指正。

编　者

2021年10月

目录

前言

绪论 / 1

第一章 北方寒区设施葡萄品种 / 4
　第一节 品种的选择标准 / 4
　　一、日光温室设施内部环境 / 5
　　二、北方寒区设施葡萄品种选择原则 / 8
　第二节 常用品种及其特性 / 8
　　一、早中熟品种 / 9
　　二、中晚熟品种 / 16

第二章 北方寒区设施葡萄田间管理技术 / 21
　第一节 北方寒区设施葡萄定植方式与架式 / 21
　　一、定植方式 / 21
　　二、设施葡萄架式选择 / 22
　第二节 北方寒区设施葡萄整形修剪 / 23
　　一、整形 / 23
　　二、修剪 / 27
　第三节 温室内温湿度的调控 / 29
　第四节 疏果和着色管理 / 31

1

第三章　北方寒区设施葡萄水肥一体化原理与
　　　　管理技术　　　　　　　　　　　　　/ 32

第一节　概述　　　　　　　　　　　　　　/ 32
一、水肥一体化技术的发展历史　　　　　/ 34
二、我国水肥一体化技术的发展概况　　　/ 38
三、发展我国水肥一体化技术的必要性　　/ 39
四、水肥一体化技术的发展方向　　　　　/ 40
第二节　水肥一体化灌溉技术和施肥设备　　/ 42
一、灌溉技术　　　　　　　　　　　　　/ 42
二、施肥设备　　　　　　　　　　　　　/ 43
第三节　适合水肥一体化技术的肥料的选择　/ 44
一、作物吸收养分原理　　　　　　　　　/ 44
二、适量施肥的重要规律　　　　　　　　/ 45
三、影响作物吸收营养元素的因素　　　　/ 47
四、施肥误区　　　　　　　　　　　　　/ 49
五、肥料的选择　　　　　　　　　　　　/ 50
六、肥料间各种因素的相互作用　　　　　/ 51
第四节　养分管理　　　　　　　　　　　　/ 52
一、土壤养分检测　　　　　　　　　　　/ 52
二、植物养分检测　　　　　　　　　　　/ 52
三、设施葡萄水肥一体化施肥灌水　　　　/ 53
第五节　设施葡萄智能水肥一体化系统的
　　　　设计与应用　　　　　　　　　　/ 54
一、设施农业水肥一体化研究的背景及意义　/ 54
二、国内外发展动态　　　　　　　　　　/ 55
三、全自动智能水肥一体化系统的设计　　/ 56
四、全自动智能水肥一体化控制模块设计　/ 57
五、全自动智能水肥一体化系统施肥灌溉

　　　装置的设计　　　　　　　　　　　　　　/ 58

　　六、全自动智能水肥一体化数据采集模块设计 / 58

　　七、全自动水肥一体化系统运行技术流程设计 / 59

　　八、全自动水肥一体化系统的硬件组成　　　/ 59

　　九、智能水肥一体化设备总体构造图　　　　/ 66

　　十、全自动智能水肥一体化系统操作界面设计 / 68

　　十一、手动运行界面的设计　　　　　　　　/ 70

第四章　北方寒区设施葡萄加气灌溉原理与技术 / 71

　第一节　加气灌溉技术进展　　　　　　　　　/ 71

　　一、加气灌溉技术研究进展　　　　　　　　/ 72

　　二、发展设施葡萄加气灌溉技术的必要性　　/ 78

　第二节　地下穴贮滴灌加气灌溉技术基本

　　　　　原理与设计　　　　　　　　　　　　/ 79

　　一、地下穴贮滴灌加气灌溉技术基本原理　　/ 79

　　二、地下穴贮滴灌加气灌溉装置设计　　　　/ 82

　　三、整体工作流程图　　　　　　　　　　　/ 88

附录　北方寒区温室建造技术标准　　　　　　 / 91

参考文献　　　　　　　　　　　　　　　　　 /101

绪 论

设施果树栽培，又称为反季节果树栽培、不时果树栽培、错季果树栽培。是指通过保温、防寒或降温、防雨措施以及利用相关技术设施、设备等人为措施创造出适宜果树生长的气候环境条件，使得在一些寒冷或炎热季节以及地域差异条件下不适宜生长发育的果树反季节、反地域生长并且开花结果的技术与方法，长期以来在我国被称为"保护地果树栽培"。

设施葡萄栽培最早兴起于日本，1880年，日本冈山县首次建立了玻璃温室，将欧洲葡萄品种移入温室，开启了葡萄的商业性设施栽培，并形成了一些独特的栽培技术，比如超短梢修剪、花果穗整形、大棚架式整形等，促进了葡萄的设施栽培。设施葡萄栽培技术在日本迅速发展，使日本成为设施葡萄栽培最发达的国家。

随着新型农业的兴起与迅速发展以及人们对设施果树栽培技术的了解与重视，我国的果树产业结构已经发生了重大的变化，由以前"靠天吃饭"的农耕时代转变为"靠技术吃饭"的设施农业时代。目前，设施葡萄栽培发展较快的国家主要有法国、意大利、西班牙、比利时、美国、荷兰等，但以葡萄的栽培规模而言，仍不能同设施蔬菜、设施花卉相提并论。随着近几年科技的发展，各国的设施大棚开始向规模化、智能化方向发展，设施葡萄的生产、管理、采摘、包装、运输、贮藏等都将体系化，最终实现设施葡萄栽培的标准化管理、机械化生产、智能化控制、高效益生产。

我国对设施葡萄的栽培起步较晚，1970—1980年开始发展。1980年，随着日光温室的出现和普及，北京、辽宁、山东和天津等地率先将葡萄栽培于日光温室中，让葡萄提早上市，自此我国的设施葡萄栽培技术开始发展，尤其是长江以南的"巨峰"葡萄设施栽培成功将我国的主要葡萄产区向南推进，栽培面积也是逐年增加。发展设施果树栽培技术是现代新型农业产业技术发展的趋势，更是现代新型农业技术发展的前沿代表。

但目前生产中面临以下问题：

（1）适于北方寒区设施栽培的葡萄品种较少。设施葡萄促早栽培成功的关键因素之一是品种。品种选择的正确与否在设施葡萄栽培中起着基础性的作用。目前鲜食葡萄品种繁多，新品种不断地引进和培育，品种更新速度加快，更新周期缩短。品种虽多，但不是任何品种都适合设施促早栽培；露地栽培表现良好的品种，不一定就适合高温、高湿、弱光照和低二氧化碳浓度的设施环境。各地设施葡萄促早栽培生产中选择了各种葡萄品种，但由于品种不合适，所以成花难、着色不均匀、品质不高的问题十分突出。因此，选择适宜的优良品种是设施葡萄栽培成功的基础。

（2）设施建造及生产缺乏标准化，配套设备不完善。设施葡萄生产与露地相比差异较大，主要原因是设施环境的调控和水肥施入设备不尽如人意。环境调控需要保暖降温机、抽风机、水肥机、滴管等一系列相关配套设备，但我国目前大多数设施结构较简单，环境装备不配套，缺乏自动化、智能化的机械装备，环境调控主要依靠人工，劳动强度大，调控能力差，管理不精细，生产效益不高。据统计，我国设施葡萄的生产效率仅为日本设施葡萄生产效率的1/5。

（3）缺少高素质生产管理技术人员。设施葡萄在生长发育过程中对环境的要求较高，与露地栽培的管理方法有很大的区别。而我国在设施果树栽培方面的专业技术人员相对比较欠缺，很多果农沿用露地栽培管理方法，导致果品品质低、产量不稳定，不能完全发挥设施栽培的优势。

　　综上所述，本书总结了生产实践中北方寒区设施葡萄生产中存在问题，将近年来本研究团队的研究成果与实践效果进行了汇编，企望能对设施葡萄的生产提供一些借鉴和思路。

第一章

北方寒区设施葡萄品种

第一节 品种的选择标准

随着人们对优质、安全、营养果品的需求日益提高，满足市场需求的品种成为果品生产中必须考虑的问题。一个地区在发展葡萄生产时要充分了解当地的市场情况，合理选择符合市场需求、商品价值高的葡萄品种。鲜食品种中的大粒、有色、无核这三类品种，是当前市场最受欢迎的类型。另外，随着乡村旅游观光产业的发展，葡萄品种的选择还要考虑消费者对新、奇、特的需求。

葡萄虽然是适应性较强的一种果树，但品种间差异很大。欧亚种葡萄喜欢较为干旱、冷凉的气候，在潮湿高温的设施环境条件下病虫害发生较为严重，果实品质和安全性难以保证；欧美杂交品种和美洲品种抗病、抗湿热的能力较强，但耐贮性相对较差，不便于长距离运输。充分了解品种对环境的要求和适应性是选择品种的先决条件。

一些新的葡萄品种对栽培管理技术要求较高，必须进行精细的管理。设施栽培一次性投入较大，而且品种选择和管理技术要求也较高，这些都需要一定的经济基础和科技条件。因此，在一些经济条件较差的地区，应先种植一些容易管理、品质优良、易丰产且投资较少的葡萄品种，待有一定经济条件和管理水平后，再选择其他高档品种。

一、日光温室设施内部环境

1.光照　光照是日光温室的热量来源，也是绿色植物光合作用的能量来源。植物的生命活动，都与光照密不可分，因为其赖以生存的物质基础是通过光合作用制造出来的，所以光照对温室葡萄的生产具有重要的影响。

温室是人工建造的保护设施，光照环境不同于露地，内部光照受温室方位、结构类型，透光屋面大小、形状，覆盖材料的特性及洁净程度等多种因素的影响。因此，表现出光照不足、分布不均、前强后弱、上强下弱的特点。

（1）光照强度。温室内的光照强度比自然光弱，这是因为自然光要透过透明屋面覆盖材料才能进入温室内，这个过程中透光率会因为覆盖材料吸收、反射及覆盖材料内表面结露的水珠折射、吸收等而降低。尤其在寒冷的冬季、早春或阴雪天，透光率只有自然光的50%～70%，如果透明覆盖材料不清洁，使用时间长而染尘、老化等，透光率甚至不足自然光的50%。

（2）光照时间。温室内的光照时间是指受光时间的长短，一般比露地的光照时间短，因为在寒冷季节为了防寒保温，保温被、草帘揭盖时间直接影响温室内的光照时间。北方高纬度地区在寒冷的冬季或早春，每天温室光照时间不足5小时，远不能满足葡萄对光照时间的要求。

（3）光质。受透明覆盖材料性质、成分、颜色等因素的影响，温室内光组成（光质）与露地不同。光质影响葡萄的着色、品质等，如紫外光促进维生素C的合成，红光控制开花及果实颜色。因为温室内紫外光的占比减少，所以温室生产的葡萄植株易旺长、果实着色较困难。

（4）光分布。由于受墙体与骨架结构、立柱、栽培作物种类等因素的影响，温室内不同部位光分布有差异，水平分布呈现南部强、中间次之、北部最弱的特点；垂直分布呈上强下弱的特点。光分布的不均匀性使得植株生长与果实品质参差不齐。

2.**温度** 温度是影响作物生长发育最重要的环境因子，它影响着植物的生理代谢活性和强度。与其他环境因子比较，温度相对容易调节控制。

（1）气温。由于温室是密闭环境，室内空气温度很容易受到光照等热源的调节，气温上升迅速。在设施葡萄生产的4—5月，中午不放风时日光温室内气温可以迅速上升到30℃以上。

（2）地温。土壤和墙体是能量转换器，也是温室热量主要贮藏的地方。白天阳光照射地面，土壤吸收热能，一方面以长波辐射的形式散向温室空间，另一方面以传导的方式把地面的热量传向土壤深层。晚间，当没有外来热量补给时，土壤贮热是日光温室的主要热量来源。土壤温度垂直变化表现为晴朗的白天上高下低，夜间或阴天为下高上低，这一温度的梯度差表明了在不同时间和条件下热量的流向。温室的地温升降主要是在0～20厘米的土层里。水平方向上的地温变化在温室的进口处和温室的前部梯度最大。地温不足是日光温室冬季生产普遍存在的问题，提高1℃地温相当于增加2℃气温的效果。

（3）地温与气温的关系。日光温室中的气温主要是靠温室地表和墙体的热传导来提温的，只要有足够的土壤和墙体蓄热就可以保持一定的空气温度。地、气温的协调是日光温室优于加温温室的一个显著特点。土壤的热容量明显比空气大。晴天的白天，在温室不放风或放风量不大的情况下，气温始终比地温高。夜间，一般都是地温高于气温。早晨揭苫前是温室一日之中地温和气温最低的时间。日光温室最低地、气温的差距因天气情况而有差别：在连续晴天的情况下，最低地温始终比气温低5～6℃；连阴天时，随着连阴天的持续，地、气温的差距越来越小，直到最后只有2～3℃或更小。早春或初冬连阴天气温虽然没有达到可能使植株受害的程度，但地温却降到了使根系无法忍受以至受到冷害的程度。

3.湿度 温室内的湿度环境，包含土壤湿度和空气湿度两个方面。

（1）土壤湿度。温室生产期间的土壤水分主要依赖于人工灌溉，因此土壤湿度只能由灌水量、土壤毛细管上升水量、土壤蒸发量以及作物蒸腾量的大小决定。土壤蒸发出来的水分受到棚膜的限制，较少蒸发到大气中，因此生产相同的产量时，比露地用水量要少。水汽在棚膜上凝结后，水滴会受棚膜弯曲度的限制而经常滴落到相对固定的地方，因而造成温室土壤水分的相对不均匀性。

（2）空气湿度。由于温室是密闭环境，室内空气湿度主要受土壤水分的蒸发和植物体内水分蒸腾的影响。温室内作物由于生长势强、代谢旺盛、作物叶面积指数高，通过蒸腾作用释放出大量水蒸气，在密闭情况下水蒸气很快达到饱和，空气相对湿度比露地栽培要高得多。

4.温室气体 温室内的气体条件对园艺作物生育的影响不如光照和温度条件那样直观。温室是一个封闭环境，空气流动性差，其气体构成与露地也有较大差异。温室内空气流动对温、湿度有调节作用，并且能够及时排出有害气体，同时补充CO_2，对增强作物光合作用、促进生育有重要意义。因此，为了提高作物的产量和品质，必须对设施环境中的气体成分及其浓度进行调控。目前认为，日光温室里的有害气体主要是氨气、亚硝酸气体和不合格的聚氯乙烯薄膜中的填充料释放物，实际上还应包括弱光低温下的高二氧化碳浓度危害。

5.土壤 土壤是作物赖以生存的基础，作物生长发育所需要的养分和水分都需从土壤中获得，因此温室内的土壤营养状况直接关系到作物的产量和品质，是十分重要的环境条件。温室内温度高、空气湿度大、气体流动性差、光照较弱，而作物种植茬次多、生长期长，故年施肥量大，根系残留量也较多，因而与露地土壤相比，温室土壤易产生土壤盐渍化、酸化及连作障碍，影响温室作物的生长发育。

二、北方寒区设施葡萄品种选择原则

由于日光温室等设施内的环境与露地相比具有高温、高湿、日照时间短、光照条件弱等特点，所以设施栽培葡萄品种要依据设施环境进行合理选择，主要遵循以下几个原则：

①适应设施内的环境，耐高温、高湿、弱光环境；对设施土壤环境、温度、湿度等条件适应性强、抗病力强。

②在散射光照射条件下容易着色，且色泽均匀一致。

③容易形成花芽，花芽着生部分较低，自花结实率高。

④由于设施环境内高温高湿、葡萄生长量大、生长势强，栽培时应选用生长势中庸、生长健壮的品种。

⑤从经济效益出发，应选用符合市场需求、深受消费者喜欢的果粒大、色泽艳、口感好、品质优的品种。

⑥促成葡萄栽培应选用休眠期短、萌芽早、开花早、成熟早、上市早的极早熟、早熟及中熟的优良品种；延迟栽培应选用晚熟品种。

⑦每个棚最好种植同一个品种，或成熟期一致的同一个种群品种，以方便管理。

第二节　常用品种及其特性

根据石河子大学果树教研室多年来的生产实践及科研服务，在已经引种、观察和实践的基础上，推荐以下设施葡萄优良品种，其中，早中熟品种适合促成栽培，中晚熟品种用于秋延后栽培。

一、早中熟品种

日光温室内进行促成栽培时，常选用的早熟葡萄品种有：弗雷无核、无核翠宝、夏黑、甬尤一号等。

1.弗雷无核（Flame Seedless） 别名火焰无核，美国育成品种，属欧亚种（图1-1）。

植物学特性：嫩茎绿色，幼叶棕红色，茸毛稀少，叶片大，呈心脏形，中厚，表面光滑有光泽，叶缘向上，基部叶脉上有少数茸毛；叶裂极深，5裂，锯齿中等锐，叶柄洼开张，椭圆形。一年生枝条浅红色，节间长9～14厘米，表面光滑，节较大，卷须间歇性末端常分叉。

图1-1　弗雷无核

果实特性：果穗圆锥形，有副穗，果穗大而整齐，穗长20.4厘米，宽15.1厘米，平均单穗重565克，最大穗重920克。果粒红色，近圆形，纵横径1.79厘米×1.70厘米，果粒着生较紧密，平均单粒重3.01克，最大单粒重4.4克，经赤霉素处理可达5～6克，果皮薄而脆，无涩味，与果肉不分离；肉质脆，硬度大，不溶质，较耐贮运，果汁中多，可溶性固形物含量达22%。风味甘甜爽口，略有香气。

生长结果习性：枝蔓生长势强，坐果率高，副梢结实率高，花芽分化容易。从萌芽到果实充分成熟需105天，早熟。

评价：早熟、品质优，抗病性中上等，为优良的早熟无核品种之一。但在设施环境条件下着色困难，注意控制产量，提高着色率。

2.无核翠宝 由山西省农业科学院果树研究所用瑰宝和无核白鸡心杂交选育的品种，属欧亚种（图1-2）。

植物学特性：新梢黄绿色带紫红，具稀疏茸毛；幼叶浅紫红色，有光泽，叶背具有稀疏直立茸毛，叶面具稀疏茸毛；新梢第1卷须着生位置为新梢的第7节，卷须为间隔性，单分叉；第1花序一般着生在第4节上；一年生枝条成熟时节间颜色为淡黄色，节为棕红色；叶片近圆形，绿色，平展，中等大小，中等厚度，5裂，上下裂刻深，叶柄洼为窄拱形，叶缘锯齿锐，叶表面无茸毛、光滑，叶背面有稀疏茸毛。

图1-2　无核翠宝

果实特性：果穗形状为双歧肩圆锥形，果穗中等大小，平均长16.6厘米、宽8.6厘米，平均单穗重345克，最大穗重570克；果粒着生紧密，大小均匀，果粒为倒卵圆形，果粒大，纵径1.9厘米、横径1.7厘米，平均果粒重3.6克，最大粒重5.7克；果皮黄绿色，薄；果肉脆、硬；果刷较短果粒比较容易脱落；无种子（果核）或有1～2粒残核。可溶性固形物含量为20%，具玫瑰香味，酸甜爽口、风味独特，品质上等。

生长结果习性：生长势强，自然授粉花序平均坐果率为33.6%；萌芽率56.0%，结果枝占萌发芽眼总数的35.9%，每果枝平均花序数为1.46个。从萌芽到果实充分成熟需115天左右，早熟。

评价：早熟，无核，皮薄，肉脆，玫瑰香味浓郁，果穗大小适中，品质优等。但在新疆产区栽植过程中存在坐果难、穗形不完整等问题，在生产中需要注意。

3.夏黑　别名黑夏、夏黑无核。日本育成品种，属欧美杂种，三倍体（图1-3）。

植物学特性：嫩梢黄绿色，有少量茸毛。幼叶浅绿色，带淡紫色晕，叶片上表面有光泽，叶背密被丝状茸毛。成龄叶片特大，近圆形，叶片中间稍凹，边缘突起。叶5裂，裂刻深，叶缘锯齿较钝，呈圆顶形。叶柄洼矢形。新梢生长直立，一年生成熟枝条红褐色。

果实性状：果穗大多为圆锥形，部分为双歧肩圆锥形，无副穗。穗长16～23厘米，穗宽13.5～16厘米，平均单穗重415克。粒重3～3.5克，赤霉素处理后，平均单粒重7.5克，最大粒重12克，平均单穗重608克，最大单穗重940克。果粒着生紧密或极紧密，果穗大小整齐。果粒近圆形，紫黑色到蓝

图1-3　夏黑

黑色。着色一致，成熟一致。果皮厚而脆，无涩味。果粉厚。果肉硬脆，无肉囊，果汁紫红色。味浓甜，有较浓郁的草莓味。无核。可溶性固形物含量为20%。鲜食品质上等。

生长结果习性：植株生长势极强。隐芽萌发力中等。芽眼萌发率85%～90%，成枝率95%，枝条成熟度中等。每果枝平均着生果穗数为1.45～1.75个。隐芽萌发的新梢结实力强。从萌芽至浆果成熟所需天数为105～110天，早熟。

评价：早熟，无核，有香味，品质上等，抗病性强，适宜设施促早栽培。但栽培过程中必须使用植物生长调节剂对果穗进行处理。

4.早霞玫瑰　以白玫瑰香作母本、秋黑作父本杂交育成的极早熟葡萄新品种，属欧亚种（图1-4）。

植物学特性：嫩梢绿色，略带红晕。新梢无茸毛，节间色泽红褐色至绿色，卷须隔节互生，成熟枝条红褐色。幼叶绿色，叶尖略带有红褐色。成叶心脏形，深绿色，较小，较硬，叶背密生灰白色絮状茸毛，叶片边缘向背面卷筒状，裂刻5～7裂，上下裂刻均较深，叶缘锯齿多，

图1-4　早霞玫瑰

锯齿锐，叶柄洼宽拱形，叶柄红色。第1花序多着生在结果枝的第4节。

果实特性：果穗圆锥形，有1～2个副穗，果穗圆锥形，平均单穗重600克，最大单穗重1 500克。果粒圆形，粒重6.0～7.0克，最大粒重8.0克。果皮紫黑色。果肉与种子不易分离。肉质硬脆，无肉囊，汁液中多，具有浓郁的玫瑰香味，可溶性固形物含量为19%，品质极佳。不脱粒，极耐贮运。

生长结果习性：植株长势中庸，萌芽率为78%，结果枝率93%，结果系数1.62。结果枝着生2个果穗的较多。结果期早，丰产稳产。从萌芽至浆果成熟所需天数为105～110天，早熟。

评价：早熟，玫瑰香味浓郁，品质优；抗性较强，耐弱光，花芽分化好，适宜设施栽培。

5.早黑宝 该品种是山西省农业科学院对瑰宝和早玫瑰的杂交种子诱变而育成的4倍体欧亚品种（图1-5）。

植物学特性：嫩梢黄绿带紫红色，有稀疏茸毛。幼叶紫红色，表面有光泽，成龄叶片小，心脏形，属于偏小叶型，5裂，裂刻浅，叶缘锯齿中等锐，叶厚，叶柄洼呈U形，叶面绿色，粗糙。一年生枝条暗红色。

图1-5 早黑宝

果实特性：果穗为带歧肩圆锥形，果粒着生较紧密，平均单穗重500克，果实深紫色至紫黑色，果粒大小较均匀一致，平均单粒重6.8克，纵横径2.32厘米×2.07厘米，最大单粒重7.6克，可溶性固形物含量为18%，味甜，玫瑰香味浓郁，品质上等。

生长结果习性：该品种树势中庸，节间中等长，平均长9.88厘米，平均萌芽率87.7%，平均果枝率67.0%，每个结果枝上平均花序数1.45个，花序多着生在结果枝的第3～5节。副梢结实力强，丰产性强，易形成花芽。从萌芽到果实成熟约107天。

评价：浓香味甜，粒大，不裂果，特别是早熟特点尤为突出，适宜设施栽培。

6.甬尤1号　该品种从藤稔葡萄芽变而来，属欧美杂种（图1-6）。

植物学特性：一年生枝（蔓）红褐色。冬芽鳞片红色。幼叶灰白色，表面具茸毛，叶尖略带红色。成叶色深，有光泽，叶缘5裂，锯齿锐。叶柄洼呈尖底拱形。

果实特性：果穗圆柱形，平均单穗重700克。果粒圆形，平均单粒重可达14克，成熟时呈紫黑色，果肉相对较硬，可溶性固形物含量为18%左右，酸度低，风味浓郁甘甜，口味较好，品质上等。

图1-6　甬尤1号

生长结果习性：正常管理条件下，一般萌芽率能达80%以上，且成枝率高，细弱枝发生少，树体生长势较强。从萌芽到果实成熟约125天，中早熟，比巨峰葡萄略早。

评价：坐果率较高，上色整齐均匀，树上挂果时间较长，口感好，抗病性较强。抗盐碱能力较差，盐碱含量高的土壤中不易种植该品种。

7.郑艳无核　中国农业科学院郑州果树研究所最新选育的无核葡萄品种，是以早熟欧亚种品种京秀为母本、欧美杂种品种布朗无核为父本，采用常规杂交育种方法选育出的早熟无核品种（图1-7）。

植物学特性：成龄叶片三角形，叶正面叶脉上着色无或极浅，叶背面主要叶脉间匍匐茸毛密度极疏，无直立茸毛。叶片

图1-7　郑艳无核

3裂。叶片横截面外卷或波状，表面泡状突起。上裂片开张或闭合皆有，上裂刻深度浅。基部V形。叶柄洼中度开张、重叠或闭合，不受叶脉限制。叶片锯齿两侧突。

果实特性：果穗圆锥形，带副穗，无歧肩，平均单穗重600克，最大单穗重1 000克。果粒成熟一致，着生中等，椭圆形，粉红色，无核。平均单粒重3.1克，最大单粒重4.6克，果粒与果柄难分离，果粉薄，果皮无涩味，果实有草莓香味。可溶性固形物含量为20%。

生长结果习性：植株生长势中等。隐芽萌发力中等，副芽萌发力中等。芽眼萌发率50%～70%。结果枝率70%。每果枝平均着生果穗数1.5～2个。从萌芽到果实成熟约110天，属早熟品种。

评价：早熟，自然无核，大粒，红色，有香味，品质优。抗病性好，较抗霜霉病、炭疽病和白腐病，适宜设施栽培。因含有美洲种葡萄的基因，在次生盐碱化重的西北地区种植容易出现叶片黄化现象。

8.瑞都红玉　瑞都红玉是瑞都香玉的红色变异，是北京农林科学院林果所在瑞都香玉比较试验过程中发现的（图1-8）。

植物学特性：新梢半直立，节间背侧绿色具红条纹，腹侧绿色，无茸毛，嫩梢梢尖开张，茸毛中等。卷须间断，长度中等。幼叶黄色，上表面茸毛密度中等，下表面茸毛密。成叶单叶心脏形，绿色，中等大小，中等厚，5裂，叶缘上卷，上裂刻稍重叠，下裂刻开张，锯齿形状为双侧突，叶柄比主脉短，叶背毡毛，茸毛密度中等，上下表面叶脉花青素着色均极弱。

图1-8　瑞都红玉

果实特性：果穗圆锥形，个别有副穗，单或双歧肩，穗长20厘米、宽12厘米，平均单穗重404克，穗梗长5厘米左右；果粒着生密度中或松。果粒长椭圆形或卵圆形，长24毫米、宽18毫米，平均单粒重5克左右，最大单粒重7克，果粒大小较整齐，果实上色早，着色整齐，色泽鲜艳，果皮紫红色或红紫色。果皮薄至中等厚，果粉中等，果皮较脆，无或稍有涩味。果肉较脆、酸甜多汁、硬度中等。可溶性固形物含量为18%。果梗抗拉力中等或弱。大多有2～4粒种子。

生长结果习性：树势中庸或稍旺，丰产性强。其结果枝率70.3%，结果系数达1.70。从萌芽到果实成熟约110天，属早熟品种。

评价：果实品质优良，早熟，有玫瑰香味，具有良好的商品价值。抗性较强，栽培比较容易，适宜设施栽培。

9.**卓越玫瑰**　实生苗中选出，亲本不详，估计是玫瑰香的实生，属欧亚种（图1-9）。

植物学特性：嫩梢黄绿色，无茸毛，幼叶略带黄色，成龄叶片中等大，无茸毛。叶片裂刻较深，锯齿锐。卷须双间隔。叶柄长，微红色。节间短。

果实特性：果穗长圆锥形，平均单穗重500克左右。自然无核，果粒大，平均单粒重5克。赤霉素处理后单果重可达10克左右。紫黑色。香味浓郁，品质好，不裂果，不脱粒、耐贮运性好，可带皮吃，口感好。

图1-9　卓越玫瑰

生长结果习性：树势中庸偏旺，结果系数高，丰产稳产。挂果时间长。从萌芽到果实成熟约110天，属早熟品种。

评价：早熟，自然无核，香味浓郁，口感好。适宜设施栽培。

10.**户太8号**　西安市葡萄研究所引进的奥林匹亚的早熟芽变品种（图1-10）。

植物学特性：嫩梢绿色，梢尖半开张微带紫红色，茸毛中等密。幼叶浅绿色，叶缘带紫红色，下表面有中等白色茸毛。成年叶片近圆形，大，深绿色，上表面有网状皱褶，主脉绿色。叶片多为5裂。锯齿中等锐。叶柄洼宽广，拱形。卷须分布不连续，2分叉。冬芽大，短卵圆形、红色。枝条表面光滑，红褐色，节间中等长。

图1-10　户太8号

果实特性：果穗圆锥形，果粒着生较紧密。果粒大，近圆形，紫黑色或紫红色，酸甜可口，果粉厚，果皮中厚，果皮与果肉易分离，果肉细脆，无肉囊，每果1～2粒种子。平均单粒重10克。可溶性固形物含量为18%。

生长结果习性：长势强，多次结果能力强，稳定高产，耐高温，从萌芽到果实成熟约115天，属早中熟品种。

评价：早熟、粒大、色艳、香浓、酸甜可口，多次结果能力强，且各果次色、香、味俱佳；耐挂果、耐贮运，可在盐碱含量低的地区设施种植。

二、中晚熟品种

日光温室设施葡萄栽培时，选用的中晚熟品种主要有：新郁、紫甜无核、魏克等。

1.新郁　新疆鄯善瓜果研究所由里扎马特和E42-6（红提自然杂交单株）杂交而成（图1-11）。

植物学特性：嫩梢绿色，幼叶绿带微红，上表面无茸毛，有光泽，下表面有稀疏茸毛。成龄叶片中等大，近圆形，中等

图1-11　新　郁

厚，上下表面无茸毛，锯齿中锐，5裂，叶缘微向上卷，叶柄洼闭合或闭合圆形。一年生成熟枝灰褐色，节间较长。

果实特性：果穗圆锥形，平均单穗重800克，果粒着生较紧。果粒椭圆形，平均单粒重12克，紫红色，皮中厚，肉较脆，可溶性固形物含量为18%～20%。

生长结果习性：生长势强，芽眼萌发率54%，结果枝率43%，多着生于结果母枝的2～6节，每果枝平均花序数1.08，隐芽萌发的新梢和副梢结实力弱。从萌芽至果实完全成熟大约145天，属于晚熟品种。

评价：丰产稳产，结果能力强，果大肉脆，酸甜爽口，颜色鲜艳，穗形好，品质高。商品性好，每穗留果70粒能保持较好的商品性。

2.**紫甜无核**　别名A17、东方星。母本为牛奶，父本为皇家秋天，昌黎李绍星葡萄育种研究所选育。属欧亚种（图1-12）。

植物学特性：嫩梢梢尖开张，紫色，茸毛疏；幼叶黄褐色，花青素着色程度深，为黄色，表面有光泽，下表面茸毛极疏；新梢半直立，梢尖茸毛中等，卷须间断分布，节间背侧颜色为绿带红色，腹侧颜色为绿带红色，成熟叶片肾形或心脏形，绿色，叶缘上卷，锯齿形状为双侧直，七裂，上裂刻开张，基部U形；成熟枝条颜色为暗褐色，横截面近圆形，上表面有细槽，无皮孔，节上茸毛稀疏，节间茸毛极疏，第1花序着生位置多为第5节，每个新梢1个花序。

图1-12　紫甜无核

果实特性：果穗长圆锥形，紧密度中等，平均单穗重500克，果粒长椭圆形，无核，整齐度一致，平均单粒重5～6克。经赤霉素处理后平均单粒重10克左右，果粒大小均匀，果实自然无核，紫黑至蓝黑色，果粒着色均匀一致，色泽美观；果粉较薄，果皮厚度中等，较脆，与果肉不分离；果实硬脆清甜，淡牛奶香味，风味极甜；可溶性固形物含量为20%～24%，鲜食品质极佳。

生长结果习性：生长势中庸，早果性好，丰产，抗病性好，适应性较强。从萌芽至果实完全成熟大约145天，属于晚熟品种。

评价：晚熟，无核，自然粒重大，容易管理，品质上等，挂果时间长，不落粒，耐贮运，适宜延迟栽培。

3.**魏克** 别名温克。日本选育品种，属欧亚种（图1-13）。

植物学性状：嫩梢淡紫红色，新梢生长自然弯曲，梢尖及幼叶黄绿色，无茸毛，有光泽。幼叶略带淡紫色晕。叶片上表面有光泽，下表面叶脉上有极少量丝状茸毛。成龄叶片大，心脏形，叶片裂刻中深，叶缘锯齿圆拱形。叶柄洼矢状。一年生成熟枝条棕红色。

果实性状：果穗圆锥形，平均单穗重450克，穗形大小整齐，果粒着生较松。果粒卵圆形，果皮紫红色至紫黑

图1-13 魏 克

色，果粒大，平均单果重10.5克，有小青粒现象，果皮中厚，具韧性，果肉脆，无肉囊，多汁，果汁绿黄色，味甜，可溶性固形物含量为20%左右，品质优良。

生长结果习性：植株生长势强，芽眼萌发率90%，成枝率95%，结果枝率85%，每果枝平均1.5个果穗。隐芽萌发力强，且所萌枝条易形成花芽。丰产性强，抗病性强。果实成熟后可挂在树上延迟采收。从萌芽至成熟需170天左右，极晚熟品种。

评价：果粒大，花芽分化容易，结实率高，极晚熟。但在栽培过程中注意防治灰霉病，注意合理调整负载，防止产量过高影

响果实品质，同时要加强果穗整理，及时清除小青粒。

4.**摩尔多瓦** 由摩尔多瓦的M.S.Juraveli和I.P.Gavrilov等人育成的，杂交亲本为古扎丽卡拉（GuzaliKala）×SV12375。1997年引入我国（图1-14）。

植物学性状：嫩梢绿色至黄绿色，稍有暗红色纵条纹，茸毛较密，边缘有暗红晕，叶背和叶面均具稠密茸毛。幼茎上有暗红色纵条纹，密被茸毛。幼叶绿色，叶缘有暗红晕，叶面和叶背均具密茸毛。成龄叶绿色，近圆形，中大，叶缘上卷，全缘或3裂，裂刻浅，叶表面无毛，叶背茸毛稀疏，叶缘锯齿大，较锐。叶柄紫红色，短于中脉，叶柄洼闭合成椭圆形。一年生成熟枝条深褐色，节间长，冬芽饱满而大，有紫红晕斑。

图1-14 摩尔多瓦

果实性状：果穗圆锥形，中等大，平均单穗重650克。果粒着生中等紧密，果粒大，短椭圆形，平均单粒重9.0克。果皮蓝黑色，着色整齐一致，果粉厚。果肉柔软多汁，品质上等。可溶性固形物含量为20%左右，含酸量0.54%，果肉与种子易分离，每果粒含种子1～3粒。较耐贮运。

生长结果习性：结果后树势中等偏弱，上色早，栽培容易。从萌芽至成熟需140天左右，晚熟品种。成熟后挂在树上的贮藏期也较长，适宜延迟栽培。

评价：管理容易，抗病性强，但抗盐碱能力较差，选择沙性土壤种植，成熟期注意防治裂果。

5.**克瑞森无核** 别名绯红无核、淑女红。属欧亚种。原产美国。1998年引入我国（图1-15）。

植物学特性：嫩梢红绿色，有光泽，无茸毛。幼叶紫红色，叶缘绿色。成叶中等大，深5裂，锯齿中等锐，叶柄长，叶柄洼闭合圆形或椭圆形。

果实特性：果穗单歧肩圆锥形，中等大，平均穗重500克，穗轴中等大小，尖端木质化并变褐，果粒亮红色具白色较厚果霜，充分成熟后为紫红色，果粒椭圆形，平均粒重4克，圆形到椭圆形，果梗长度及厚度中等，果刷黄绿色，

图1-15 克瑞森无核

中等长度。果肉浅黄色，半透明肉质，果肉较硬，果皮厚度中等，不易与果肉分离，味甜，可溶性固形物含量为19%，品质极佳。

生长结果习性：自根苗长势极强，抗病性较强。从萌芽至成熟需150天左右，极晚熟品种。

评价：极晚熟，品质上等，耐贮运。生产上延后栽培注意着色问题。

第二章

北方寒区设施葡萄田间管理技术

第一节 北方寒区设施葡萄定植方式与架式

一、定植方式

设施葡萄栽培根据果实成熟期的不同可分为促成栽培和延后栽培2种类型。根据测定，在节能日光温室内采用自然升温的情况下，在葡萄萌芽期，相同深度的土壤层，垄栽的温度比沟栽的温度高0.5～1℃，因此，促成栽培宜采用垄栽，以促进葡萄早萌芽，延迟栽培宜采用沟栽，尽量延迟葡萄萌芽。北方葡萄促成栽培采用自然升温或热风炉加温，经常存在加温时间较长、葡萄萌芽迟缓的问题，主要是因为空气向土壤传导热量是逆辐射，气温上升快，地温上升慢，导致地温和气温不协调，所以葡萄萌芽晚，难以达到预定的成熟期目标。有条件的地区，宜采用地暖管加温，可快速提高地温，促进葡萄早萌芽、早成熟。地暖管的埋设深度应在50厘米以上，地暖管的间距在50厘米。也可采用无纺布袋或限根容器栽培，无纺布袋的规格一般为45厘米×40厘米。采用无纺布袋或限根容器栽培可实现土温与气温同步升温，还可起到限根作用，有效控制树体旺长。

根据株行距挖深40～60厘米、宽80厘米的定植沟，将充分腐熟的优质有机肥4 000千克/亩[①]和适量的磷、钾肥混拌均匀，填

---

①亩为非法定计量单位，1亩=1/15公顷。——编者注

入定植沟内，根据栽培目标确定采用沟栽或起垄栽培，然后将芽眼饱满、生长健壮的一年生苗按株行距挖穴栽植，距植株30厘米两侧铺设灌溉带、覆膜、灌水。

二、设施葡萄架式选择

葡萄的树形多种多样，但基本可以分为以下三种方式：① bush，灌木型/杯型。基本上是几个短树干和承重结果点。② guyot，居由型。由单干加长枝形成的，每年长枝都会更换，维护起来比较简单，具有一个或多个承重点的树形。③ cordon，高登型。这种葡萄树的单臂为多年生主蔓，也就是说主蔓的年龄和主干的年龄一样长。因此，在世界各地发现的各种培养树形方法，包括两个主要部分：多年生主干数量，取决于树干的高度、单干是否存在及修剪方法，可能是藤修剪或短枝修剪，有时两者兼有。

在国内葡萄的整形修剪可以分为不同的架式和树形。常用的葡萄架式有篱架、棚架和棚篱架。篱架又分为：①单壁式篱架，优点是适于密植，多适于酿酒葡萄的种植；缺点是利用光照能力有限。②双臂式篱架，双行设计，植株置于两篱架下方，藤蔓向两侧上爬。③"十"字形架，立柱再加上一个横梁就形成了"十"字形架，它要求横梁两端拉上镀锌铁丝，再在距地面80厘米处的立柱上面拉一根铁丝。若是两条横梁，就是双"十"字形架，其优点是光照通风条件好、产量高、应用广。该架式对横梁的要求很高，生长势比较旺的品种引绑后的枝条夹角要大于45°。④Y形架，它是由立柱、斜梁、拉线组成的，形状酷似Y。拉线分为两层，分别在斜梁上端和底端，共4根。

棚架，就是在立柱上方形成一个平行或倾斜于地面的架面。这个架面若与地面平行，则称为水平棚架；若与地面不平行，则称为倾斜式棚架；若是架面有隆起，则称为屋脊式棚架。又可根据单栋或连栋分为单栋棚架和连栋棚架。①水平棚架的结构是，立柱在顺行间拉钢丝，然后再纵横拉丝，形成一个平面。架面平整，架体牢固耐用，但是长时间栽植后的架面容易出现塌陷不平，维护成本高。②倾斜式棚架，在一高一低的立柱间架设一个横梁，然后在横梁上拉丝，形成一个斜面。该架式由于其架短，上下架方便，广泛应用于防寒地区。其优势是适合多种品种生长，容易调节树势，高产稳产，更新后恢复快。这种架式配合倾斜式独龙干最佳，利于防寒地区的埋土工作。③屋脊式棚架，主要是由于其架面有个突起，一般用于庭院美化、乡间道路等。

设施葡萄栽培根据温室的结构和高度一般采用低"厂"字V形架式和高"厂"字形水平棚架。低"厂"字V形架式一般采用南北行，行距2.5米左右，株距1米左右，每亩栽267株左右。在定植行两端设高2米左右的立柱，沿行向距地面60厘米拉一道铁丝，在行间距地面2米处拉一道铁丝，与60厘米处铁丝相连接组成V形架面。主蔓顺60厘米处铁丝水平绑缚，新梢倾斜均匀绑缚在V形架面上，以提高光能利用效率。高"厂"字形水平棚架多采用东西行，株距2米左右，行距3米，每亩栽110株左右。沿定植行每隔6米设1个立柱，柱高2～2.2米，立柱顶端南北向拉一道铁丝，东西向每隔60厘米拉一道铁丝，将主干牵引到架面上后，沿行向保留主蔓，新梢向行间均匀绑缚。高"厂"字形水平棚架利于通风透光、便于管理。

第二节　北方寒区设施葡萄整形修剪

一、整形

整形的目的在于培育出健壮而长寿的植株，使之具有与架式相适应的树形，便于耕作、病虫害防治、修剪和采收等操作，并能充分而有效地利用光能，从而达到高产、稳产和优质的目的。

因此，选择整枝形式首先必须考虑到架式、栽培管理条件及品种生长结果习性等因素。葡萄的整枝形式有几十种，极为丰富。根据其树体形状可分为三大类，即头状整枝、扇形整枝和龙干形整枝。设施栽培葡萄的"厂"字形整枝可归为龙干形整枝。

1.**头状整枝** 植株具有一个直立的主干，干高0.6～1.2米，在主干的顶端着生结果枝组和结果母枝。由于枝组着生集中而呈头状，故称为头状整枝。这种树形既可采用长梢修剪，也可采用短梢修剪。这种整枝形式在酿酒葡萄上应用的较多，管理简单，技术要求不高，在设施葡萄中很少采用。

2.**扇形整枝** 扇形整枝的类型很多，一般植株具有较长的主蔓，主蔓上着生枝组和结果母枝，主蔓的数量一般为4～6个，在架面上呈扇形分布，故称为扇形整枝。植株具有主干或不具主干，没有主干的称为无主干扇形整枝。当前在篱架上广泛采用无主干多主蔓自然扇形。植株具有3～5个主蔓，每个主蔓上留3～4个结果枝组，以中梢修剪为主，主蔓高度严格控制在第3道铁丝以下。

无主干多主蔓扇形的整枝过程大致为：第1年，定植当年最好从地面附近培养3～4个新梢作主蔓。秋季落叶后，1～2个粗壮的新梢可留50～80厘米短截。较细的可留2～3个芽进行短截。第2年，上一年长留的主蔓，当年可发出几根新梢。秋季选留顶端粗壮的作为主蔓延长蔓，其余留2～3芽短截，以培养枝组。上一年短留的主蔓，当年可发出1～2个新梢，秋季选留1个粗壮的作为主蔓，根据其粗度进行不同程度的短截。第3年，按上述原则继续培养主蔓与枝组。主蔓高度达到第3道铁丝，并具备3～4个枝组，树形基本完成。

3.**龙干形整枝** 一般常见3种类型，第1种是独龙干形整枝，植株只有一条龙干，长度3～5米，多采用极短梢修剪和单独的小棚架。第2种是在小或大棚架上采用的两条龙整枝，植株从地面或主干上分生出两条主蔓。主蔓上着生短梢枝组，主蔓长度5～15米。第3种是篱架上所采用的单臂水平和双臂水平整枝。龙干形整枝结合短梢修剪时，在龙干上每隔20～25厘米着生一个枝组，每个枝组上着生1～2个短梢结果母枝。龙干形整枝结合中梢修剪，枝组之间的距离可增加到30～40厘米，但必须采用双枝更新法。

龙干形两条龙的整枝过程如下：

第1年，从靠近地面处选留两个新梢作为主蔓，并设支架引缚。秋季落叶后，对粗度在0.8厘米以上的成熟新梢，留1米左右进行短截。如当年新梢生长较弱或成熟较差，也可进行平茬，即离地面留2～3节进行短截，可促使下一年发出较健壮的新梢。第2年，每一主蔓先端选留一个新梢继续延长，秋季落叶后，主蔓延长梢一般可留1～2米进行短截。延长梢剪留长度可根据树势及其健壮充实程度加以伸缩，树势强旺、新梢充实粗壮的可以长留，反之，宜短留，不宜剪留过长，以免造成光秆。第3年，仍按上述原则培养主蔓及枝组。一般定植3年后即可完成整形过程。

4.高"厂"字形水平棚架整枝　采用东西行向，株距一般2～4米、行距3米左右。长势中庸的品种株距2米，长势强的品种株距3～4米。在定植行立柱上拉2道铁丝，第1层铁丝距离地面高度90厘米，第2层距离地面高度1.7～1.8米，水平架面上支柱两侧各拉3道铁丝，铁丝间距60厘米。

定植第1年，从地面选择1个健壮的新梢向上引缚，90厘米以下发生的副梢全部抹除，90厘米以上的副梢保留1片叶摘心，并去除叶腋处的芽点。新梢在第2层铁丝高度上沿行向水平延伸，延长头与相邻株交接时摘心。冬季修剪时，视枝条剪口粗度进行剪截，要求剪口粗度大于0.8厘米。第2年春季葡萄萌芽后，选留一个健壮的新梢作为延长枝，主干垂直部位发出的新梢全部抹除，水平延伸部分发出的新梢，每隔10～15厘米留1个健壮的新梢向行间延伸，呈鱼刺状向两边均匀排列，叶腋处发出的副梢采用单叶绝后摘心。

冬季修剪时，对成熟的枝条留2～3芽进行短截。同侧枝组间距20厘米左右。延长枝留到与相邻株交接处。第3年春季葡萄萌芽后，主干垂直部位发出的新梢全部抹除，架顶水平延伸部分发出的新梢，每隔5～8厘米选留一个带果穗新梢均匀绑缚在水平架面上，每个新梢只留1个葡萄穗，多余果穗尽早疏除。冬季修剪时，对水平主蔓上成熟的枝条留2～3芽进行短截，延长枝留到与相邻株交接处。

5. 低"厂"字V形架式整枝　一般采用南北行，行距2.5米左右，株距1米左右。在定植行两端设高2米左右的立柱，沿行向距地面60厘米拉一道铁丝，在行间距地面2米处拉一道铁丝，与60厘米处铁丝相连接组成V形架面。在V形架面上每隔60厘米拉一道铁丝（图2-1）。

图2-1　低"厂"字V形架式

定植第1年，从地面选择1个健壮的新梢向上引缚，主蔓60厘米以下发生的副梢全部抹除，主蔓达到60厘米后，沿60厘米处铁丝水平绑缚，水平延伸部分发出的新梢，每隔10～15厘米留1个健壮的新梢向行间延伸，倾斜均匀绑缚在V形架面上，叶腋处发出的副梢采用单叶绝后摘心。其后的整形过程同高"厂"字形水平棚架。

二、修剪

树形形成后，修剪的目的在于继续保持良好的树形，以便于进行各项管理工作。使结果母枝在植株上得到合理分布，按照结果母枝的质量来确定其剪留长度，以充分发挥其结果潜力。

1.**结果母枝长度的确定**　冬季修剪对结果母枝剪留长度有：短梢修剪（1～4节）、中梢修剪（5～7节）、长梢修剪（8～12节）。3种剪留长度均有一定的伸缩性，一般需根据结果母枝的粗度灵活掌握。在规定的留芽数范围内，原则上粗壮而充实的结果母枝可适当长留，反之，宜适当短留。

2.**植株留芽数和留梢数的确定**　从理论上说，冬剪后的留芽数应当与留梢数基本相近，但考虑到萌芽率的差异，故对冬剪留芽数没有严格规定。只是根据当地的经验和具体条件确定一个大致的留芽数。春季萌芽后，再根据架面大小、树势的强弱和萌芽情况，用抹芽、疏枝、疏花序等夏剪手段来确定最后的新梢数，使植株达到合理的负载量。成年植株的留芽数与留梢数应当稳定，不宜增减过大。但发现负载量与树势不相适应时，仍需适当调整，以植株不旺长、新梢和浆果能成熟为度。

3.**冬季修剪时期**　冬季修剪的时期随地区和气候条件不同而不同，通常在落叶后至树液流动前进行修剪。在春季根系开始活动后进行修剪，会引起伤流，造成萌芽延迟、树势减弱等，故应尽量避免在树液流动期进行修剪。温室内11月初至翌年树液流动前进行修剪。

4.**夏季修剪**　夏季修剪主要包括抹芽和疏枝、结果枝摘心、副梢处理、剪梢、疏花序等措施。合理运用这些措施，可以改善架面通风透光条件减少养分的消耗，增加积累，使植株生长与结果保持平衡。对促进花芽分化、提高坐果率、增进果实品质和产量有不同程度的效果。

保护地栽植的葡萄，因温度高、湿度大、光照弱等不良因素，易导致新梢旺长，光合效能不强，树体营养积累少，成花不多，产量不高。因此，抹芽定梢、引缚、摘心及副梢处理等管理工作的基本内容，虽然和大田栽培管理的方法基本一致但是更为细致和及时。

（1）抹芽和定梢。温室栽培的葡萄生长期长、环境条件适宜、肥水充足，葡萄新梢的总生长量，往往大于露地葡萄的1倍以上，而温室栽培的架面留梢密度，又要比露地栽培少1/3左右，因此，在新梢萌发后，应将多余新梢及时抹除，而且次数要多于大田。一时无法辨认有无花序者，可留至能辨认有无花序时再行抹除。抹除新梢时，应注意去弱留壮、分布均匀、整齐一致，以保持长势均衡。棚架架面新梢的间距以8～10厘米为宜。

（2）枝蔓引缚和摘除卷须。在温室条件下栽植的葡萄，生长速度较快，需要及时、多次的引缚。不论篱架或棚架栽培，都应按整形要求选留枝蔓，不要任其生长。棚架整形的葡萄，架面上的空间有限，可将长梢弯曲引缚于架面上。无论采用何种架式，栽培条件下的葡萄卷须，都是单纯地消耗营养，没有其他作用，应在引缚枝蔓的同时，将所有卷须摘除干净。

（3）摘心和副梢处理。温室促成栽培的葡萄，可实现一年二次结果。因此，对结第1茬果的新梢，应在开花前进行摘心，以提高坐果率，并诱发冬芽萌发二次梢，获得二茬果。结果新梢的摘心强度，以在花序上保留6～8片叶为宜，如果只留4～5片叶，虽然可以提高坐果率，但因叶面积太小，会影响后期果粒膨大，降低产量。营养枝蔓的新梢，可保留8～10片叶摘心，摘心后萌发的副梢，除先端保留2个长副梢外，其余副梢一律全部抹除。

（4）疏花序及掐穗尖。在结果枝长度达到20厘米到开花前均可进行疏花序。根据树势和结果枝强弱疏除过多的花序，以使果穗质量得到保证。对一般鲜食品种，每一结果枝上留一穗果为宜。掐穗尖是在开花前1周左右将花序顶端用手指掐去其全长的1/3～1/2，以减少花蕾数，使穗型松紧适度，减少果穗内部的果实，提高果实着色均匀度和果粒大小整齐度。

第三节　温室内温湿度的调控

设施葡萄在其各个物候期内对温室内温度、湿度的需求是不一样的，只有用最合适的温湿度去满足葡萄各物候期的需求，才能调控葡萄的生长发育，从而提高设施葡萄的产量及品质。适宜的温度可以提高葡萄叶片的光合效能，创造叶片适温条件，促进根系发育并且有效地抑制病害的发生。设施内的空气湿度对葡萄的蒸腾、光合、病害发生及其生理具有显著影响。一般自8月底，新梢下部充实饱满的冬芽已进入自然休眠期，10月下旬左右进入深度休眠，以后通过一定时间生理零度（7.2℃以下）的低温后休眠结束。一般在翌年1月上旬结束休眠，这时只要温度适宜，植株即可萌芽生长。

但在自然休眠的过程中，即使温度适宜也难发芽，植株表现出萌芽期延迟且不整齐、开花期延后和落蕾、落花、落果现象。

据报道，美洲种通过自然休眠期的需冷量为1 000～1 200小时，欧美杂交种为1 000～2 000小时，而欧亚种群葡萄在2 000小时以上。在自然休眠期即将结束以前利用20%石灰氮涂抹结果母枝，可以提早20多天解除休眠，这时温室升温后即可提早萌芽、开花。

为了创造适宜葡萄休眠的温度，使其尽早升温萌芽、开花结实，在石河子地区温室一般于10月上中旬扣膜后上面覆盖草苫或棉帘，打开所有通风口，使温室内温度在7.2℃以下，11月中下旬，气温稳定在－10℃时关闭所有通风口，到12月月底，即可满足葡萄对低温的需求，就可以升温。

1. 温度调控　设施内气温比地温上升快，地温和气温不协调会造成发芽推迟、缓慢和花期延长等现象。另外，地温变幅比较大，会严重影响根系生长。因此，为了保证地温和气温一致、果树地下部和地上部生长协调，应注意两点：一是在扣棚前20～30天，于树冠下部覆盖地膜提高地温，保证根系尽早活动，向上供应水分；二是扣棚后应逐渐升温，切忌升温过猛、过快，升温后至萌芽期温室内的最低温度在3℃以上，最高温度28℃；萌芽至开花前最低温度应在8℃以上，最高温度28℃；花期最低温度在10℃以上，最高温度不超过30℃，最适宜温度18～28℃；坐果至浆果着色期最低温度在12℃以上，最高温度不超过30℃；浆果着色至成熟最低温度不超过15℃，最高温度不超过35℃，使昼夜温差大，有利于着色和提高可溶性固形物的含量。

2. 湿度调控　萌芽至开花前，棚室内湿度应控制在70%～80%，花期湿度在65%～70%，坐果至浆果成熟期应控制在75%左右。为降低棚室内的空气湿度，在发芽后可以采用地面覆膜，这样既可减少水分蒸发又可提高地温。要在棚室内创造高温、低湿的小气候环境，避免葡萄新梢徒长，防止落花落果，提高坐果率，同时还能有效地防止病害的发生。

3. 光照调控　葡萄是喜光植物，对光很敏感。若光照不足，则节间细长，叶片薄、淡黄、光合产物少，易引起严重的落花、落果，浆果质量差、产量低。针对果树设施内光照弱、光谱质量差、光照时间短的特点，在光照因子的调控上应采取下列措施：

①选择无滴膜，经常清洗棚膜上的灰尘、杂物，提高透光率。

②优化棚室结构，减少建筑材料遮光。

③铺设反光地膜，或在棚内墙上悬挂镀铝膜，增强反射光照。

④适当早揭帘、晚盖帘，延长光照时间。

⑤加强对树体的综合管理。

第四节　疏果和着色管理

落花后15～20天，根据坐果情况，疏去过密果和单性果。有的品种还应去副穗和果穗尖，根据品种果实大小，每穗葡萄上留果粒数大致为50～80粒。大粒品种少留，小粒品种多留。

在浆果着色前，对结果枝基部进行环刻或环剥，可促进浆果着色和成熟。在浆果开始着色时，摘掉新梢基部的老叶片和疏除部分遮光的新梢，能有效地促进浆果着色和成熟。

由于葡萄新梢的种类不同，萌发时间早晚不同，利用不同新梢诱发二次果的技术也不一样。

1.**在一次果枝上诱发二次果**　这一办法是在一茬果开花后50天左右进行，剪去果枝前端的2个长副梢，14～15天以后，剪口下的冬芽便可抽生二次枝结果。与此同时，也可能萌发几个冬芽二次枝。可根据负载量的大小和管理水平的高低，适当选留几个带有花序的新梢使其结果，而将多余新梢抹去。

2.**在营养枝上诱发二次果**　这一办法，一般是提前摘心，培养长副梢。摘心后65～70天，对长副梢留3～4片叶剪短，而将其余副梢剪除，迫使长副梢剪口下的冬芽抽生二次果枝；二次果枝抽生后，从中选留1～2个花序较大的二次果枝结果，而将其他二次枝及时抹除。

第三章

北方寒区设施葡萄水肥一体化原理与管理技术

第一节 概　　述

水肥一体化技术，从广义上来讲，就是水、肥同时供应作物需要。狭义上讲，便是把可溶解的肥料混合在滴灌水中，通过灌溉管道输送给农田中的作物。水肥一体化，通常被称为灌溉施肥、加肥灌溉、水肥耦合、管道施肥、随水施肥、肥水灌溉等。

水肥一体化的基本原理，即水分和养分是作物生长发育中的两个重要的因素，是可以通过技术手段来调控的2个技术因子。灌溉的基础理论，就是源源不断地满足作物生长发育对水分的需要。施肥的基础理论，就是作物在其生长发育过程中，根系必须从根际吸收矿质营养元素，根系吸收矿质营养元素主要有截获（即根系直接遇到养分离子）、质流（即养分离子随水分流到根系周围）和扩散（养分离子随离子浓度梯度扩散至根际周围）。水肥一体化的基本原理，可以简单地概括为作物生长离不开水分和养分，矿物质营养元素以离子态形式被作物吸收利用，施肥能够提高作物的水分利用效率，水分和养分融合为一体，实现了水分和养分的同步供给，使水肥得到了高效的吸收和利用。

水肥一体化主要的类型如下：

（1）根据技术的先进性，划分为：传统水肥一体化技术和现代水肥一体化技术。

①传统水肥一体化技术。将肥料通过装置溶解到水中，形成含有一定肥料浓度的灌溉水，输送到作物的根际，供作物吸收利用。

②现代水肥一体化技术。通过传感器，实时采集作物生长环境参数和作物本身的生长信息。构建水肥耦合模型，定时、定量满足作物各个阶段的生长发育对水分和养分的需求，实现精准化的水肥供给。

（2）根据作物类型，划分为：大田作物水肥一体化技术、设施蔬菜水肥一体化技术、设施果树水肥一体化技术、草地及草坪水肥一体化技术。

（3）根据灌溉方式不同，划分为：滴灌水肥一体化技术、喷灌水肥一体化技术、微喷灌水肥一体化技术、膜下滴灌水肥一体化技术和集雨补灌溉水肥一体化技术。

①滴灌水肥一体化技术。通过滴灌装置，将含有一定浓度的肥料溶液缓慢、均匀地滴入作物根际，以利于作物快速吸收和利用。

②喷灌水肥一体化技术。利用机械和动力设备把水加压，通过喷头喷射到空气中，形成雾化的小水滴，均匀洒落在土壤和作物叶片上。

③微喷灌水肥一体化技术。微喷灌水肥一体化技术是通过低压管道和施肥装置将肥料溶液加到管道中，随着灌溉水均匀散射到土壤和作物表面的一种灌溉与施肥方式。

④膜下滴灌水肥一体化技术。是将作物地膜覆盖技术与滴灌技术相结合的一种水肥一体化技术。覆膜降低了水分的蒸发，有利于水肥利用效率的提高。

⑤集雨补灌溉水肥一体化技术。通过集雨沟、集雨窖等集雨装置，配合灌溉设备和输水管道，采用滴灌、微灌技术，将肥料溶液按比例注入灌溉管道，实现高效补灌和水肥一体化。

水肥一体化遵循的基本原则如下：

（1）水肥协同。协调好水分与养分之间的关系，互为增色，相互促进。

（2）按需灌溉。根据作物需水规律，满足作物各个生长阶段的用水量。

（3）按需施肥。依据作物需肥规律，满足作物各个生长期的需肥量。

（4）注重肥料溶液pH和EC值。不同的作物，对肥料溶液pH的要求不尽相同；同一作物，不同生长阶段，对肥料溶液EC值的要求也不尽相同。水肥一体化中，pH和EC值是两个非常关键的参数，是提高水肥利用效率的关键。

（5）养分平衡。合理确定氮、磷、钾和中、微量元素的比例，满足作物对养分的全面需求。

一、水肥一体化技术的发展历史

水肥一体化技术的发展，主要起源于无土栽培技术。早在18世纪，英国科学家John Woodward利用土壤提取液配制了第一份水培营养液。

水肥一体化技术的发展主要经历了3个阶段。

第一个阶段为18世纪末到20世纪初，营养液栽培、无土栽培技术的兴起是水肥一体化技术的最前期的构想阶段。营养液栽培最初是指没有任何固定根系基质的水培，19世纪中叶（1842）Wiegmen和Polsloff第一次用重蒸馏水和盐类成功地培养了植物，并证明了水中溶解的盐类是植物生长的必需物质。这一时期最杰出的代表人物是Van Liebig，他证明了植物体中的碳来自空气中的CO_2，H和O来自NH_3、NO^-_3，其他一些矿质元素均来自土壤环境。

1838年，德国科学家斯鲁兰格尔的研究表明，植物生长发育需要15种矿质营养元素。1859年，德国著名科学家Sachs和Knop，提出了第一个营养液的标准配方。后来，人们利用充满营养液的沙、砾石、蛭石、珍珠岩、稻壳、炉渣、岩棉、蔗渣等非天然土壤基质材料种植植物都被称作营养液栽培，因其不用土壤，故也称为无土栽培。

1929年，美国加利福尼亚大学 W.F. Gericke 教授，利用营养液培育出一株7.5米高的番茄树，收获了14千克的果实，被人们认为是无土栽培技术由试验转向实用化的开端。

第二阶段为19世纪中期到20世纪中期，此时无土栽培商业化生产是水肥一体化技术的初步形成阶段。

荷兰、意大利、英国、德国、法国、西班牙、以色列等国家，是较早开展无土栽培商业化的国家。随后，墨西哥、科威特及中美洲、南美洲、撒哈拉沙漠等土地贫瘠、水资源稀少的地区也开始推广无土栽培技术。第二次世界大战期间，美国在各个军事基地建立了大型的无土栽培农场，为美军提供新鲜的蔬菜。表明无土栽培技术的日臻成熟。

20世纪50年代，水肥一体化技术的雏形开始显现，人们开始将肥料溶解在灌溉水中，用于作物的地面灌溉。塑料容器、管件的出现，大大促进了水肥一体化技术的发展。水泵应用的普及，实现了养分供给的精确化。

第三阶段为20世纪中期至今，水肥一体化技术经历了快速发展的阶段。最有代表性的国家首选以色列，其温室滴灌的水肥利用效率最高达95%；澳大利亚是世界上推广微灌面积较多的国家之一，根据不同作物的生理需求设计不同的喷头；荷兰从1950年之后，大力发展设施农业，温室数量大幅增加，灌溉系统施用的液体肥料数量和种类也大幅增加，并且将泵、阀等设备作为运输灌溉水和液体肥料的控件以及研制、开发相应的肥料混合罐。随着电子信息技术的发展，荷兰在灌溉方面采用智能型自动化仪表，如功率表、水位计等，仪表能自动记录相关的灌溉数据，可供日后查询和存档。除此之外，约旦、塞浦路斯、南非、西班牙等国家也都将水肥一体化技术普遍应用在设施农业的发展中。

20世纪50年代，以色列的那盖夫沙漠中的哈特泽里姆基布兹的农民，偶然间发现水管渗漏处的作物生长得格外好，后来经试验证明，滴渗灌溉是节水节肥、提高水肥利用效率最有效的方法。以色列政府开始大力支持滴灌节水项目，1964年著名的耐特·菲姆节水公司应运而生。以色列的现代农业主要得益于滴灌技术的发展。以色列自建国以来，农业生产增长了12倍，农业用水只增长了3.3倍。

耐特·菲姆公司第一代滴灌设备，采用流量计量仪控制塑料管道中的单向水流；第二代滴灌设备采用了高压设备控制水流，第三、四代产品开始应用计算机控制。自20世纪60年代以来，以色列开始普及水肥一体化技术，全国43万公顷的耕地中大约有20万公顷应用加压灌溉系统。压力灌溉方法的应用，使单位土地面积耗水量下降了50%～70%。到2010年，1/3的农业用水是废水。每年推出5～10个新产品，80%的灌溉设备用于出口。

以色列的滴灌技术已经发展到第七代。果树、花卉和温室作物均采用水肥一体化灌溉施肥技术，而有些大田蔬菜和大田作物也是全部利用水肥一体化灌溉施肥技术。在喷灌、微喷灌等微灌系统中，水肥一体化技术对作物也有很显著的促进作用。

水肥一体化技术，除了水分的输送，另一个关键的问题是养分的输送。起初，人们通过灌溉系统进行施肥有两种方法：一是利用喷雾泵将肥料溶液注入灌溉管道中；另一种是将灌溉管道中的水引到装有肥料溶液的容器内，然后再回到灌溉管道中。这两种方法简单，但是不够精确，也不均匀。20世纪70年代，液体肥料的应用促进了水力驱动泵的发展。开发的第一种水力驱动泵为膜式泵，它将肥料溶液从一个敞开的容器中抽取后再注入灌溉系统中，这种泵产生的压力是灌溉系统中压力的两倍；第二种水力驱动泵是活塞泵，它是利用活塞来进行肥料溶液的吸取和注入。这些肥料泵的应用实现了水肥同时供应。同时，低流量的文丘里施肥器也开始应用，利用这种施肥器肥料可均匀地溶解在灌溉水中，养分分布比较均匀，主要应用在苗圃和盆栽温室中。它的应用有效地解决了早期肥料泵在低流量下的不精确性。随着计算机技术的发展，对肥料的用量和流量逐渐实现了机械化设备的自动控制，肥料的用量和流量控制也越来越精确。

国外学者就水肥一体化技术在设施果蔬生产中应用也进行了一系列相关的研究。2006年美国学者J. M. Blonquist等提出将电磁感应器技术用于节水灌溉中，设计了一种土壤湿度传感器，并用于气象站的水分蒸散量的监测。2008年K. V. vander Linden在灌溉系统的控制中使用了土壤湿度传感器，通过土壤湿度传感器把土壤湿度反馈给控制系统，根据传感器获得的数据决定是否灌溉，使作物根部总能保持一定的湿度，灌溉控制系统能对传感器获得的数据自动采样，并且自动把传感器的输出和设定的标准值对比，同时控制和监控系统运行。G. Vellidis等在2008年开发了一种传感器列阵与精准灌溉技术，在闭环模式下的集成能实时监测田间不同空间作物土壤含水量的变化。墨西哥学者J. Gutierrez等2014年通过对自动灌溉系统优化农作物用水的研究，将分布式无线网络系统土壤湿度和温度传感器放置在作物的根区，通过一个网络处理传感器、触发执行器将土壤数据传送web应用程序。整个自动化系统测试了136天，与传统农业灌溉方式相比，田间作物水分利用效率增加了50%。

以色列农业增长率一直保持每年15%的速度，这与他们探索出的在沙漠中使用喷灌、滴管、微喷灌等一系列技术有着不可分割的关系。目前以色列全国80%的灌区都实现了废水再利用。其次，以色列将先进的滴管和喷灌技术应用在温室大棚上，成功地创造了每年每季每公顷土地收获300万朵玫瑰花和300吨优质高产的番茄，每年有3 000万朵水仙花出口到欧美市场（Jon Fedler，2000）。20世纪80年代中期，日本新建灌溉渠系的大部分都采用管道化输水（侯书林，2011），倪宏正（2013）等通过调查研究发现，在美国的灌溉农业中，大部分经济作物、粮食作物均采用水肥一体化技术。可见水肥一体化在国外已经兴起了一个应用的浪潮。

二、我国水肥一体化技术的发展概况

我国农业灌溉属于传统的灌溉方法，以大水漫灌和串畦淹灌为主，水资源的利用效率低。浪费了大量的水资源，而且农作物的产量与品质上不去。

我国的水肥一体化技术的发展始于1974年。近50年来，随着微灌技术的推广应用，水肥一体化技术不断发展。主要经历了以下3个阶段。

第一阶段（1974—1980）：以引进滴灌设备为主，开展微灌应用试验。国内也开始研制和生产灌溉设备，1980年我国研制成功第一代成套滴灌设备。

第二阶段（1981—1996）：引进国外先进工艺技术，国产设备逐渐形成规模化生产。微灌技术从试验到较大面积的推广应用，微灌试验研究中取得了丰硕的成果，一部分微灌试验研究中，涉及了灌溉施肥的内容。

第三阶段（1996年至今）：灌溉施肥的理论及应用技术日臻完善，技术研讨和技术培训大量涌现，水肥一体化技术进入大面积推广应用阶段。

自20世纪90年代中期以来，我国微灌技术和水肥一体化技术迅速发展，辐射范围由华北地区扩大到西北干旱和半干旱地区、东北寒温带和华南亚热带地区，覆盖了设施栽培、无土栽培中的果蔬及大田作物。

在经济发达地区，水肥一体化技术水平日益提高，涌现出一批设备精良、配有智能自动控制系统的大型示范工程。一些地区，因地制宜实施山区重力滴灌施肥，西北干旱和半干旱区协调配置日光温室集雨灌溉系统、窖水滴灌装置、瓜类栽培吊瓶滴灌施肥方式。在华南地区，利用灌溉注入有机肥液，使灌溉施肥技术日趋丰富和完善。

新疆的棉花膜下滴灌系统就是大田作物灌溉施肥最成功的范例。1996年，新疆引进了滴灌技术，并研发了适合大面积农田应用的迷宫式滴灌带。1998年开展了干旱区棉花膜下滴灌综合配套技术研究与示范，将开沟、施肥、播种、铺设滴灌带和覆膜一次性完成，在棉花播种阶段，通过滴灌系统，适时完成灌溉施肥。

我国水肥一体化技术总体水平，已从20世纪80年代初级阶段发展提高到中级阶段。其中，部分微灌设备产品性能、大型现代温室装备和自动化控制系统，已基本达到目前国际先进水平。微灌工程的设计理论及方法已接近世界先进水平，微灌设备产品和微灌工程技术，已跃居世界领先水平。1982年我国加入国际灌排委员会，并成为世界微灌组织成员之一，加强国际技术的交流，培养了一批水肥一体化技术推广管理及工程设计的人才。

目前，我国水肥一体化技术推广速度缓慢。主要原因为：只注重节水灌溉设备，而水肥结合理论与应用研究成果较少；此外，我国灌溉施肥系统管理水平较低，基层农技人员和农民还没有达到国外同类人群对水肥一体化技术应用的重视程度；水肥一体化技术面积占比较小；一些微灌产品，如首部的配套设备的质量与国外同类产品相比，还有一定的差距。

三、发展我国水肥一体化技术的必要性

我国水资源总量居世界第六位，且水资源匮乏、分布不均，人均占有量更低。淮河流域及其以北地区，占国土面积的63.5%，

水资源量却仅占全国的19%。我国可耕种的土地面积靠自然降水的耕地达57%，旱灾发生率极高。再加上我国农业用水比较粗放，耗水量大，灌溉水有效利用系数仅为0.5左右。农业用水效率低不仅制约着现代农业的发展，也限制着经济社会的发展，因此，有必要大力推广节水技术。水肥一体化技术可有效地节约灌溉用水，如果利用合理可大大缓解我国的水资源匮乏的压力。

当前，我国化肥使用过量，已成为世界最大的化肥消耗国，不足世界10%的耕地却施用了世界化肥总使用量的1/3。我国的氮肥当季利用率只有30%～40%，磷肥的当季利用率为10%～25%，钾肥的当季利用率为45%左右，全国各地的耕地均有不同程度的次生盐渍化现象，还会引发农田及水环境的污染问题。化肥泛滥施用造成了严重的土壤污染、水体污染、大气污染和食品污染。因此，长期施用化肥促进粮食增产的同时，也给农业生产的可持续发展带来了挑战。

现阶段，劳动力匮乏且劳动力成本越来越高，使水肥一体化技术节省劳动力的优点更加突出。数据显示，在1938—1956年出生的人口中，农民占比达到57%。在现有的农业生产中，真正在生产一线从事劳动的农民年龄大部分在40岁以上，若干年以后，很难有人从事农业生产。劳动力短缺致使劳动力价格上涨，使用传统的灌溉、施肥技术，农民的劳动力成本难以承受。

水肥一体化技术这种"现代集约化灌溉施肥技术"应时代之需，是我国传统的"精耕细作农业"向"集约化农业"转型的必要条件。是从根本上改变传统农业用水方式、提高水分利用率和肥料利用率的首要技术。

四、水肥一体化技术的发展方向

水肥一体化技术是将施肥与滴灌相结合，使水肥得到耦合的一项技术，将作物所需的水分、养分以最精确的用量供给。

使作物达到节水、节肥、高产、优质的目的，因此，发展前景十分广阔。

（一）水肥一体化技术向着科学化方向发展

水肥一体化技术向着精准配方施肥的方向发展。我国幅员辽阔，各地农业生产发展水平、土壤结构及养分都有很大的差别。因此，应该根据不同地区、不同作物种类、不同作物的生长期、不同土壤类型，有针对性地进行配方设计，选取复合水溶肥料进行灌溉施肥。

水肥一体化技术今后也将向信息化方向发展。人们不仅要将信息技术应用到生产、销售及服务过程中来降低服务成本，而且要在作物种植方面加大信息化发展。如利用埋在地下的湿度传感器传回土壤湿度的信息，有针对性地调节灌溉水量和灌溉次数，使植物获得最佳需水量。还有的传感系统能通过监测植物的茎和果实的直径变化，来确定植物的灌溉间隔。此外，水肥一体化技术也将向滴灌专用肥和液体化肥料方向发展。

（二）水肥一体化技术向着标准化体系方向发展

在未来的发展中，节水器材技术标准、技术规范和管理规程，将形成行业标准和国家标准。

（三）水肥一体化技术向规模化、产业化方向发展

水肥一体化技术的发展方向还表现在：节水器材及生产设备实现国产化，研制新型节水器材，降低成本，发展实用性、普及性的节水器材，完善技术推广服务体系。

休闲农业、观光果园等一批都市农业的兴起，将会进一步带动水肥一体化技术的应用和发展；企业集团投资农业，果蔬工厂化生产，特种农产品基地，农产品加工或服务于城市的餐饮业，公园、运动场、居民小区内草坪绿地也是水肥一体化设备潜在的市场；农民增收和技术培训使农民掌握水肥一体化技术，达到节约劳动力资源、获取最大的农业经济效益的目的。

（四）水肥一体化系统的优化

进一步优化水肥一体化系统，将其与5G、物联网、云平台技术相结合，通过手机客户端就可查看农田土壤墒情、温度、营养状况等相关的信息。大数据时代的到来给人们的生活带来极大的便利，农业大数据的到来也将带动农业进一步发展，人们将通过大数据对作物整个生育期灌溉量和施肥量等参数的变化进行分析，得出作物生长水肥变化的趋势，进一步优化灌溉与施肥参数，提高水肥利用效率。通过科技创新提升我国的节水灌溉设备，缩短与农业发达国家的技术差距，实现我国农业的现代化。

第二节　水肥一体化灌溉技术和施肥设备

一、灌溉技术

随着现代科学的飞速发展，现代灌溉技术得到不断的进步和完善。与传统的灌溉模式相比，它减少了渗漏时失水和径流失水，能提高田间水分利用率，促使水分高效利用，很大程度上节约了用水。

滴灌技术的开发应用，更新了传统灌溉技术的一些概念。滴灌技术很方便地将水分送至目标田地，通过管道干管运输，经过田间支管滴头释水，从而实现局部灌溉（如稀植作物的根部，甚至地下滴灌），从而提高水分利用效率。

节水灌溉条件下，适宜的氮肥浓度不仅可以提高氮素的利用率、吸收率和氮素积累总量，而且还可以提高作物产量、改善作物品质，较大幅度地提高水分利用效率。适宜的灌溉系数要从不同条件下水、肥的耦合效应方面考虑，建立合适水分条件与灌溉方式下的作物水分养分最佳组合模型。在局部减少灌溉量，使水分集中在作物根系层，充分被作物吸收利用，同时可最大限度地减少土壤棵间蒸发，并对减少大棚果蔬病虫害尤为重要。适量灌溉能为作物根系提供所需氧气，也能跟大气进行热量交换，及时排出土壤中的二氧化碳，有利于根系呼吸，促进作物根系发育，提高作物产量。

精准施肥是现代农业的一个重要组成部分，是建立在科学施肥基础之上的最佳施肥模式。根据现有的研究可知，研究学者将施肥模式大致分为机理模式和经验模式，其中机理模式就是指科研人员通过对作物普遍生长所需的养分吸收过程进行模拟，从而对作物生长发育所需水分、养分进行估算；经验模式就是指利用科学的方法来确定不同时期及不同环境下的作物需肥量。很早以前，国外学者France对施肥模型进行了不同角度的分类，并对应用和选用方法进行过讨论。目前国内外对施肥量应用的方式是经验模式。胡建东等于2006年设计的PDA作物施肥系统，提出了研制开发一种施肥系统，直接在存储器中制定专家施肥系统程序，能够根据不同土壤中的养分含量，选择不同施肥方案，现在已在小麦、棉花等大田作物的栽培上广泛使用。作物精准灌溉施肥关键在检测机器实时动态的检测，作物根系不断从营养液中吸收水分、养分，根系土壤中溶液的浓度也在不断变化，因此需要传感器提供实时施肥依据。

二、施肥设备

以色列采用的"水肥灌溉"一体机，是由计算机直接控制土壤水分的供给，计算机控制肥料泵直接、精确地将肥液注入灌溉主管中，减少水肥流失，极大程度地提高了水肥利用效率。较为典型的水肥一体化设备有以色列耐特·菲姆公司生产的Netajet自动灌溉施肥系统（图3-1）和Eldar SHANY公司生产的Fertijet、肥滴美系列。

综上所述，国外的水肥一体化研究已获得了诸多成果，但如果将国外的设备引进我国尤其是新疆地区应用，会受到一些条件

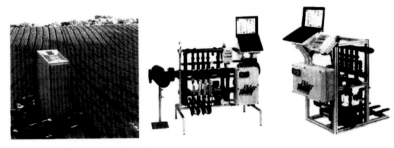

图3-1 以色列水肥一体化设备

的限制。首先，国外设计的水肥一体化设备系统精密、操作复杂、价格昂贵，我国农民文化水平偏低，不适合我国国情；其次，国外的设备应用温室大棚面积一般为十几亩或几十亩，施肥罐容积均在1吨以上，而我国温室大棚面积均为1～2亩，面积较小，如果使用国外的设备会有较大浪费；再次，如果在使用设备的过程中出现故障或零件损坏，则需专业人员维修，替换零件需要从国外购买，售后服务不仅费用较高而且时间较长，耽误农业生产。我国现有一些较先进的灌溉和施肥设备，也存在一些不足，如模仿国外设备系统较为繁琐，操作复杂；价格较高，农民不易接受；设备过于简陋，灌溉施肥不精确。基于这些因素，且确保自动水肥一体化设备要供水、吸肥、混肥到灌溉施肥的全过程，必须自动灌溉施肥且工作稳定，因此有必要研发设计一套适于当地的全自动水肥一体化系统及设备。

第三节　适合水肥一体化技术的肥料的选择

一、作物吸收养分原理

大量元素包括碳、氢、氧、氮、磷、钾，一般在植物体内的含量为百分之几。碳、氢、氧3种元素来自空气和水，是有机物的重要组成；氮、磷、钾这3种元素植物需要量较多，需要通过施肥才能满足。

中量元素包括钙、镁、硫3种元素，在植物体内含量为千分之几；微量元素包括铁、铜、锌、锰、钼、硼和氯，在植物体内含量为万分之几以下，虽然含量较低，但对植物的作用很大。有益元素对植物生长有作用，但不是必需的元素，或只对某些植物在特定的条件下是必需的元素，如钠、硅、钴、钒、硒、铝、碘、铬、砷、铈等。植物对有益营养元素的需求量，缺少时影响生长，稍微过量则有毒害作用。一般植物正常生长发育所要求的含量很低，适宜的范围也很窄。

二、适量施肥的重要规律

（一）养分的归还（补偿）学说

1840年，德国农业化学家李比希（J. V. Liebig），在《化学在农业和生理学上的应用》一书中提出了养分归还学说。李比希认为，农业是人类和自然界进行物质交换的基础，人类和动物通过食物摄取了植物从土壤和大气中吸收同化的营养物质，并通过植物本身和动物排泄物归还于土壤。他提出："由于人类在土地上种植作物并把这些产物拿走，这就必然会使地力逐渐下降，从而土壤所含的养分愈来愈少。因此，要想恢复地力就必须归还从土壤中拿走的全部东西，不然就难于指望再获得过去那样高的产量，为了增加产量应该向土壤中施加灰分。"

养分归还（补偿）学说的内涵，包括以下3点：①作物的每次收获，必然要从土壤中带走一定量的养分，随着收获次数的增加，土壤中的养分含量会越来越少；②若不及时地归还作物从土壤中吸收的养分，不仅土壤肥力逐渐下降，而且产量也会越来越低；③为了保持元素平衡和提高产量就应该向土壤中施入肥料。

（二）最小养分律

1843年，李比希成功地制造出化学肥料后，为了保证有效地施用化肥，提出了："植物为了生长发育需要吸收各种养分，但是决定作物产量的，却是土壤中那个相对含量最小的有效植物生长因子，产量也在一定限度内随着这个因素的增减而变化。如果无视这个限制因素的存在，即使继续增加其他营养成分也难以再提高产量。"

李比希提出最小养分律时，指的只是矿质养分。1905年，英国的布赖克曼（Blackman）把最小养分扩大到矿质养分以外的生态因子，提出限制因子律。限制因子律的表述为：增加一个养分的供应，可以使作物生长增加，但是遇到另一生长因子不足时，即使增加前一因子也不能使作物生长增加，直到缺少的因子得到补足，作物才能继续增长。

1895年，德国学者李勃夏（Liebercher）提出最适因子律。最适因子律的表述为：植物生长受许多条件影响，生活条件变化的范围很广，植物适应的能力有限，只有影响生产的因子处于中间地位，最适于植物生长，产量才能达到最高。因子处于最高或最低的时候，不适于植物生长，产量可能等于零。

（三）报酬递减律与米采利希学说

18世纪经济学家杜尔哥（A. R. Turgot）和安德森（J. Anderson）提出报酬递减律，表述为：从一定土地上所得到的报酬随着向该土地投入的劳动和资本量的增加而有所增加，但随着投入的单位劳动和资本的增加，报酬的增加却在逐渐减少。20世纪初期，米采利希（E. A. Mitscherlich）等在前人工作的基础上深入探讨施肥量与产量的关系（燕麦磷肥的沙培试验），通过试验发现：在其他技术相对稳定的条件下，随着施肥量的渐次增加，作物产量也随之增加，但作物的增产量却随施肥量的增加而呈递减趋势；如果一切条件都符合理想的话，作物将会产生出某种最高产量，相反，只要有任何某种主要因素缺乏时，产量便会相应地减少。

（四）同等重要律

对于农作物而言，不论大量元素或微量元素，都同样重要，缺一不可，即使缺少某一种微量元素，尽管它的需要量很少，仍会影响某种生理功能而导致减产。同等重要律的科学意义：各种养分对作物都是同等重要的，大量元素、中微量元素、稀有元素是同等重要的。

（五）不可替代律

作物所需要的各营养元素，在作物体内都有一定功效，相互之间不能替代。如缺磷不能用氮代替，缺钾不能用氮、磷配合代替。缺少什么营养元素，就必须施用含有该元素的肥料进行补充。

（六）因子综合作用律

作物丰产是影响作物生长发育的各种因子，如水分、养分、光照、空气、品种以及耕作条件等综合作用的结果。

三、影响作物吸收营养元素的因素

作物主要通过根系从土壤中吸收营养元素。因此，除了作物本身的遗传特性外，土壤和其他环境因子对营养元素的吸收以及向地上部分的运移都有显著的影响。

影响养分吸收的因素主要包括介质中的养分浓度、温度、光照强度、土壤水分、通气状况、土壤pH、养分离子的理化性质、根的代谢活性、苗龄、生育时期、植物体内养分状况等。

（一）介质中养分浓度

研究表明，在低浓度范围内，离子的吸收率随介质养分浓度的提高而上升，但上升速度较慢；在高浓度范围内，离子吸收的选择性较低，而陪伴离子及蒸腾速率对离子的吸收速率影响较大。若养分浓度过高，则不利于养分的吸收，也影响水分吸收。因此，化肥宜分次施用，有利于作物的吸收。

作物植物根系对养分吸收的反馈调节机理可使植物在体内某一养分离子的含量较高时，降低其吸收速率；反之，养分缺乏时，能明显提高吸收速率。

（二）介质中的养分种类

介质中的养分离子间的具有一定的拮抗作用与协助作用。所谓的离子间的拮抗作用是指在溶液中某一离子存在能抑制另一离子吸收的现象。表现在阳离子与阳离子之间，如 Ca^{2+}、Mg^{2+}、Ba^{2+} 之间；表现在阴离子与阴离子之间，如 Cl^-、Br^- 和 I^- 之间。

所谓离子间的协助作用是指在溶液中，某一离子的存在有利于根系对另一些离子的吸收。表现在二价或三价阳离子对一价阳离子之间，如 Ca^{2+}、Mg^{2+}、Al^{3+} 等能促进 K^+、Rb^+、Br^- 及 NH_4^+ 的吸收。

（三）温度、水分、光照的影响

植物的生长发育和对养分的吸收都对温度有一定的要求。大多数植物根系吸收养分要求的适宜土壤温度为15～25℃。低温影响阴离子吸收比阳离子明显。低温影响植物对磷、钾的吸收比氮明显，越冬作物要多施磷、钾肥。

水是植物生长发育的必要条件之一，土壤中养分的释放、迁移和植物吸收养分等都和土壤水分有密切关系。适宜的水分条件为田间持水量的60%～80%。

植物吸收养分是一个耗能过程，当光照充足时，光合作用强度大，产生的生物能也多，养分吸收的也就多。钾肥就有补偿光照不足的作用。

（四）土壤理化性状的影响

1.通气状况　土壤通气状况主要从3个方面影响植物对养分的吸收：①根系的呼吸作用；②有毒物质的产生；③土壤养分的形态和有效性。

2.土壤pH　pH对离子的影响主要是通过根表面，特别是细胞壁上的电荷变化及其与K^+、Cu^{2+}、Mg^{2+}等阳离子的竞争作用表现出来的。当外界溶液pH较低时，抑制植物对铵态氮的吸收；而介质pH较高时，则会抑制硝态氮的吸收，pH5.5～6.5时，各种养分的有效性均较高。

（五）根系的代谢及代谢产物的影响

由于离子和其他溶质在很多情况下是逆浓度梯度的累积，所以需要直接或间接地消耗能量。在不进行光合作用的细胞和组织中（包括根），能量的主要来源是呼吸作用。因此，所有影响呼吸作用的因子都可能影响离子的累积。

（六）苗龄和生育阶段

1.**作物的种子营养**　种子发芽前后，依靠种子中贮存的物质进营养。三叶期以后则依靠介质提供营养。

2.**作物不同生育阶段的营养特点**　一般在植物生长初期，养分吸收的数量少，吸收强度低。在生殖生长阶段达到了吸收的高峰。到了成熟阶段，对营养元素的吸收又逐渐减少。

（七）植物营养临界期与植物营养最大效率期

植物营养临界期是指营养元素过少或过多或营养元素间不平衡，对植物生长发育起着明显不良影响的那段时间。植物营养最大效率期是指营养物质在植物体内产生最大效能的那段时间。多出现在作物生长最旺盛的时期。在肥水管理过程中既要重视植物需肥的关键时期，又要正视植物吸肥的最大效率期。

四、施肥误区

在施肥量、施肥方法、施肥时间等方面存在较多误区。主要误区表现为以下几点：

1.**偏施氮肥，忽视磷、钾肥**　氮素过多容易造成茎叶徒长、组织柔弱、抗病能力降低，尤其是生长发育后期偏施氮肥造成作物贪青，影响生殖生长，阻碍营养物质的转化，产量低、品质差。

因此，氮肥应与磷、钾配合施用。

2.**忽视微量元素的施用**　只注重氮、磷、钾大量元素，忽视中微量元素的施用。易造成植株畸形、落花落果、作物产量和品质降低等。

3.**施肥越多越好**　施肥量过大，成本过高，实际收益降低；实际生产中，应根据作物全生育期的需肥特性、土壤肥力、作物的种植密度等，保证供给充足、但不浪费的原则，制定最佳的施肥方案。

4.**出现缺肥症状后再施肥**　作物出现缺肥症状后再施肥，会造成作物缺肥空档期长。应根据作物的生长发育特性，平衡施肥，做到不留空档，充分施肥。

5.**土壤表面施肥**　土壤表面施肥，肥料易挥发、流失，降低作物对肥料的吸收效率。因此，施肥时应根据植株的地上部生长情况及地下部根系生长情况确定施肥位置，确保施肥效果。

五、肥料的选择

（一）化肥的特性及选择

一般把肥料分为化学肥料和有机肥料两大类。化学肥料又称为矿质肥料或无机肥料，是指用化学方法合成或某些矿物质经过机械加工而生产的肥料，有些属于工业的副产品。

化学肥料中的营养元素含量比有机肥料高得多，如尿素含氮量为46%；而有机肥料养分含量较低，厩肥平均含氮（N）0.55%、磷（P_2O_5）0.22%、钾（K_2O）0.55%。1千克尿素相当于100千克厩肥中的含氮量。

据全国化肥试验网的统计结果，每千克化肥可增产粮食5～10千克。据联合国粮食及农业组织（FAO）的统计资料，化肥对农作物增产的贡献份额占40%～60%；有机肥料虽养分种类多，但肥效期长，缓慢、稳定而持久释放养分，在土壤改良和培肥地力方面，优势强。制定施肥方案，应该选择以无机肥料加有机肥料的技术路线。

（二）灌溉施肥的化肥种类

灌溉施肥一般只能用水溶性固态肥料或液态肥，以防流道堵塞。符合国家标准或行业标准的尿素、碳酸氢铵、硫酸铵、硫酸钾等肥料，纯度较高，杂质少，全溶于水，均可用作追肥。可溶性磷酸二氢钾肥料既可以当磷素肥料，又可以补充钾元素。微量元素肥料，一般不能与磷素肥料同时施用，以免产生不溶性磷酸盐沉淀，堵塞滴头或喷头。

在配制肥料时要特别注意：①含磷酸根的肥料与含钙、镁、铁、锌等金属离子的肥料混合后产生沉淀；②含钙离子的肥料与含硫酸根离子的肥料混合后会产生沉淀；③对于混合后产生沉淀的肥料应采用单独施肥的方法。

有机肥要用于微灌系统，主要解决两个问题：一是有机肥必须液体化，二是要经过多级过滤。优质的有机肥，如海藻肥、黄腐酸钾肥，只要肥液没有导致微灌系统堵塞的颗粒，均可直接使用。

六、肥料间各种因素的相互作用

1.肥料混合时的反应 为避免肥料混合后相互作用产生沉淀，应在微灌施肥系统中采用两个以上贮肥罐，在一个贮肥罐中贮存钙、镁和微量营养元素，在另一个贮肥罐中贮存磷酸盐和硫酸盐，确保安全有效的灌溉施肥。

2.肥料溶解时的温度变化 多数肥料溶解时会伴随热反应，如磷酸溶解时会放出热量，水温升高；尿素溶解时会吸收热量，水温降低，配置营养母液时应注意伴随热反应的发生。

3.肥料与灌溉水的反应 灌溉水中通常含有各种离子和杂质，如钙镁离子、硫酸根离子、碳酸根和碳酸氢根离子等。当离子达到一定浓度时，会与肥料中相关的离子反应，产生沉淀。如果在微灌系统中定期注入酸溶液，如硫酸、磷酸、盐酸等，可溶解沉淀，防止滴头堵塞。

第四节　养分管理

一、土壤养分检测

土壤测试是确定作物肥料需求的必要手段。氮素为硝态氮和铵态氮才能被植物吸收利用。土壤中的磷只有一小部分是有效磷。存在于溶液中的钾才能被植物吸收利用。浸提出潜在有效养分的分析方法，可以准确地估测养分的有效性。

对于用土壤种植的作物，施肥时必须考虑到这一点。例如，磷肥的施用量通常比植物实际需要的量大，从而满足植物的吸收。

土壤和生长基质测试应包含另外两个参数：电导率（EC）和pH。土壤或生长基质中水浸提物的电导率可反映可溶性盐分含量。土壤和生长基质浸提物的pH反映了土壤和生长基质的酸碱度。大多数植物在pH接近中性时长势最好。

以色列农业部推广中心已发布了标准取样程序。地面以下0～20厘米和20～40厘米两个土层是有代表性的土样。

二、植物养分检测

植株测试一般分为两类：全量分析与组织速测。应用植株测试可以达到以下目的：对已察觉的症状进行诊断或证实诊断；检出潜伏缺素期；研究植物生长过程中营养动态和规律；研究作物品种的营养特点，作为施肥的依据。

1.植株测试的方法　按测试方法分类有化学分析法、生物化学分析法、酶学分析法、物理分析法等。

化学分析用法是最常用的、最有效的植株测试方法。

2.**测定部位**　叶、根中氮浓度对氮素供应的变化更敏感一些，可作为敏感的指标。

三、设施葡萄水肥一体化施肥灌水

（一）施肥方案

当苗木长到40厘米左右时，每亩追复合肥20千克，以氮肥为主，促进植株生长，中后期以磷、钾肥为主，促进新梢成熟和形成花芽。至10月中下旬落叶前，每亩施充分腐熟的有机肥3 000千克，加复合肥15千克，充分混拌后施入。在温室升温后葡萄萌芽前每亩随水追施尿素5千克，可促进萌芽整齐；新梢生长至开花前每亩随水滴施平衡型水溶肥（$N : P_2O_5 : K_2O=15 : 15 : 15$）5千克，促进新梢生长和花芽继续分化；在花后浆果膨大期为促进果粒加速生长，每亩随水追可溶性复合肥（$N : P_2O_5 : K_2O=5 : 25 : 15$）5千克；当浆果开始着色时，每亩随水滴施可溶性复合肥（$N : P_2O_5 : K_2O=10 : 10 : 40$）5千克，也可以叶面喷施磷酸二氢钾等液体肥料，促进浆果着色提高含糖量；着色至采收期每亩随水滴施可溶性复合肥（$N : P_2O_5 : K_2O=10 : 15 : 20$）5千克。水肥一体化施肥掌握2次水一次肥的原则，具体施肥量可根据土壤养分含量测定结果进行调整。

（二）灌水

设施葡萄灌水一般采用膜下灌溉。在距离植株30厘米、土壤40厘米处设置土壤水分传感器。灌溉水时根据土壤水分测定值进行控制。一般在10月上旬扣棚前灌足越冬水，葡萄开始升温后，根据土壤水分传感器测定的40厘米处的土壤体积含水率设定开始和停止灌水的阈值。当40厘米处土壤体积含水率在20%时开始灌溉，40厘米处土壤体积含水率达到25%时自动停止灌溉。按照两次水一次肥的原则，随水滴施可溶性肥料。

由于磷、钾肥在土壤中的移动性差，采用滴灌带地表滴灌时，肥料容易聚集在地表，难以达到葡萄根系的分布层，使肥料利用率低，还会产生土壤板结和次生盐渍化的问题。设施葡萄栽培宜采用滴箭的方式随水施肥，滴箭长度大于10厘米，每株2～4个滴箭，距植株30厘米左右，可实现节水节肥的作用，还可有效解决因地表蒸发造成温室内湿度过大的问题。

第五节　设施葡萄智能水肥一体化系统的设计与应用

采用PLC（可编程逻辑控制器）控制器和触摸屏构成控制系统，RS458通讯模块与传感器组成数据采集与信息传输模块，监测土壤水分含量、土壤温度和土壤电导率（EC值）的动态变化，比例泵或文丘里施肥器为灌溉施肥装置。由控制系统、信息采集模块和灌溉施肥装置三部分有机组合成了水肥一体化系统，实现了节水、节肥的目的，达到了精准灌溉和定量施肥的目标。

一、设施农业水肥一体化研究的背景及意义

随着节水灌溉技术的发展，一些农业发达国家利用先进的水肥一体化设备进行灌溉施肥，如以色列全国90%的农业灌溉实现了水肥一体化，农作物水分平均利用率高达2.32千克/米^2，肥料利用率在60%左右。我国农业用水量占总用水量的70%以上，其中农业用水的90%～95%都用于农业灌溉。我国农作物水分利用率平均为0.87千克/米^2，肥料的平均利用率只有35%左右。与农业发达国家相比还有一定的差距。在新疆，灌溉过程中自动化程度较低，施肥不均匀，很难做到精准定量。需要进一步优化灌溉施肥装置，实现精准定量施肥。特别是在设施农业使用的水肥一体化系统，设备更复杂、更精确，自动化程度高，大大减少了人

力。将水肥一体化设备应用到设施生产上也会进一步提高水肥的利用率和产量。研发适合我国设施农业使用的精准水肥一体化系统，改善传统粗放的施肥装置，对于实现设施农业精准灌溉与施肥都具有重要意义。

二、国内外发展动态

（一）国外发展动态

以色列创造了滴灌技术，从一个"沙漠之国"发展成为"农业强国"，创造了闻名世界的农业奇迹。20世纪80年代，以色列开始将自动化技术与滴灌技术相结合，建立了机械灌溉施肥系统，在常规施肥装置的基础上相继诞生了肥料罐、文丘里施肥器和水压驱动肥料注射器等多种施肥装置。欧洲40%的花卉、水果、蔬菜市场都被以色列占据，并享有欧洲"菜篮子"的美誉，以色列拥有全球节水灌溉技术最强的耐特·菲姆公司，为全球110多个国家提供节水灌溉设备和技术；澳大利亚的农民在实际生产中广泛使用中子水分仪、频率传导仪等现代化测量仪器，测定农田土壤含水量，来制定灌溉方案；日本已经实现地下管道灌溉，并且管网的自动化、半自动化给水控制设备也较完善；目前美国是世界上微灌推广面积最多的国家，据统计，在美国灌溉农业中马铃薯种植面积的60%以上、果树种植面积的30%以上、玉米种植面积的25%以上采用水肥一体化技术。在美国很多科学家在监测土壤水分方面进行了很多的研究，在灌溉系统中他们通过土壤水分传感器监测土壤墒情、通过红外线电耦测定土壤湿度、利用电子张力计测定土壤湿度的技术都比较成熟。

（二）国内研究动态

1974年，我国首次引进墨西哥滴灌技术，试验取得了良好的节水和节肥效果。1980年我国自主研发的第一代全套滴灌设备投入使用，由于当时技术水平较低、成产较高，滴灌技术并未大面积实施，只是运用在少数的瓜果、蔬菜上。1996年，新疆引进了滴灌技术，经过三年的苦心钻研，成功研发出适应农田作物大面积应用的低成本滴灌带，从此滴灌技术在西北地区大面积实施。我国在大田滴灌技术方面取得了很大的进步，但由于起步较晚，在技术和设备方面，与节水灌溉领域的发达国家相比，还有很大的差距。为了尽快缩小差距，我国政策大力扶持，同时巨大的市场潜力也激发了很多科研机构和公司研发自己的节水灌溉设备。进入21世纪，我国节水灌溉技术进一步发展，许多先进的控制技术应运而生并逐步推广到农业灌溉当中。早期江苏大学研发的以8051单片机为核心的模糊智能灌溉控制器取得了一定的研究成果；近年来各种新的技术不断应用到节水灌溉系统当中，使我国节水灌溉技术的研究水平迅速提升。四川理工大学设计了一种基于ARM9控制的节水灌溉系统，实时监测土壤湿度状况，自动实现对土壤的节水灌溉；刘莫尘等研制了一套精准变量水肥一体化设备，利用PLC控制器、触摸屏为人工界面显示土壤墒情、流量、pH的变化情况，根据作物在不同生育期需肥量的变化进行施肥、洪添胜、李加念等设计了一款通过控制文丘里施肥器出口压力差来实现变量施肥的水肥设备。目前很多大的科研机构和科研院所都已经取得了一些的成果，一些公司也拥有了自主产权的水肥一体化设备和控制系统。

三、全自动智能水肥一体化系统的设计

在国内外研究的相关灌溉施肥系统结构的基础上自主设计，自主研发一款具有自动化和智能化特点的全自动水肥一体化系统（图3-2）。控制系统由PLC（可编程逻辑控制器）和触摸屏组成；肥灌溉装置由比例施肥泵或文丘里施肥器、施肥电磁阀或电动阀、灌溉电磁阀或电动阀、PVC管件构成；数据采集模块由SR485通

信模块和传感器构成，对土壤含水量、土壤温度和土壤EC值进行动态监测，并将数据实时传输到控制系统对其进行分析决策，以

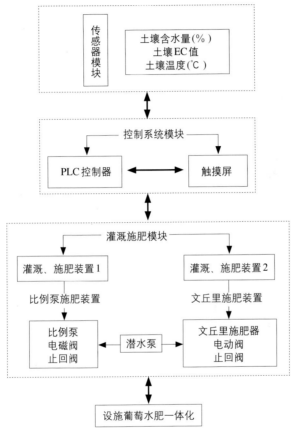

图3-2　葡萄全自动智能水肥一体化系统的总结构

确定是否进行灌溉与施肥。

四、全自动智能水肥一体化控制模块设计

本设计为适应不同地区恶劣的自然环境、防止控制器的老化和灵敏度的降低，确保设备的稳定性，避免因电压不稳定、断电

等意外事故的发生造成数据的丢失、程序运行不稳和决策混乱现象发生，本设计采用工业控制中常用的PLC控制器。系统控制中心选用昆仑通态或显控（Samkoon SA）触摸显示屏，耗能少，不易发生故障和老化。利用PLC控制器和触摸屏组成控制中心，结合启动器实现泵的开启和关闭、运行灌溉和施肥，调整施肥时机。界面简单，操作便捷，适于广大基层农户的使用。

五、全自动智能水肥一体化系统施肥灌溉装置的设计

施肥灌溉装置的设计，必须以协调好灌溉与施肥的关系为前提，"以水促肥""以肥调水"，提高水肥的利用效率。本设计采用肥水混合均匀、施肥定量的比例施肥泵或采用文丘里射流器作为施肥装置。由于我国农业灌溉用水的水质较差，混杂较多的草秆、泥沙等杂物，影响滴管的流量。为防止灌溉系统的堵塞，可在设备水源的入口安装叠片过滤器，在肥料的出口处安装网片过滤器，将未溶解的肥料大颗粒过滤出来，保证系统运作的稳定性。施肥灌溉系统还根据作物不同生理期的水肥需求设计手动和自动两大模块，根据作物各生育期的需求设置施肥量和灌水量。

六、全自动智能水肥一体化数据采集模块设计

数据采集模块由RS485通信模块和传感器两部分构成，传感器与PLC的对象直接连接，并将采集的信息通过RS485通信模块转化为信息传输给控制系统，控制系统根据接收的数据进行分析、判断，最终做出决策。采集数据的真实性和准确性决定着系统决策的精准度。本设计采用响应速度快、测量精度高、环境适应性强、可以完成土壤含水量、温度和EC值三参数的实时采集和传输的485传感器。

七、全自动水肥一体化系统运行技术流程设计

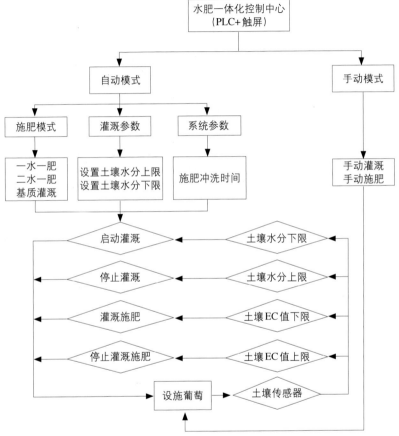

图3-3 全自动水肥一体化系统运行技术设计图

八、全自动水肥一体化系统的硬件组成

（一）PLC控制器

控制中心是智能水肥一体化系统的核心，它与电磁阀或电动

阀、传感器相连接。本设计选用稳定性强的编程逻辑控制器，简称PLC控制器（图3-4、表3-1）。

图3-4　中国台湾永宏编程逻辑控制器（PLC）

表3-1　编程逻辑控制器（PLC）参数

项目	参数
型号	B1-20MR
外形尺寸	90毫米×90毫米×90毫米
接线机构	5毫米欧式固定端子
通信口	2个（RS232+RS485）
输出形式	继电器输出
I/O	输入6点，输出8点
工作温度	5～40℃
贮存温度	−25～70℃
相对湿度	5%～95%
耐电压	1 500VAC，1分钟

（二）触摸屏

触摸液晶显示屏，简称触摸屏，又称为人机界面，是人与计算机之间传递、交换信息的媒介和对话的接口，是计算机系统的重要组成部分（图3-5、表3-2）。它将系统内的程序语言转化为用户可识别、解读、操作、执行的信息。

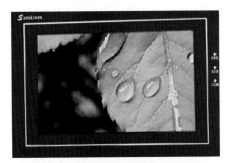

图3-5 昆仑通态触摸液晶显示屏

表3-2 触摸显示屏主要参数

性能指标	参数	应用环境	参数
液晶屏	7″ TFT液晶屏，LED背光	工作温度	0 ~ 45℃
分辨率	800 × 480	工作湿度	5% ~ 90%
触摸屏	四线电阻式	贮存湿度	−10 ~ 60℃
内存	128M DDR2	震动频率	10 ~ 57赫兹
接口	1 × RS232、1 × RS485、2 × USB、1 × LAN		

（三）电磁阀或电动阀

1. 电磁阀 根据灌溉系统的结构需求，本设计选用能够实现精准的流量调节控制的电磁阀（图3-6、表3-3），电磁阀能够实现手动内外放水，保持阀门箱内的干燥。通过调节其流量控制实现精准的流量调节，阀门开关控制较为简单，内置

图3-6 农业灌溉电磁阀

螺栓，安装方便。

表3-3　电磁阀的主要参数

主要参数	技术指标
流量范围	$3.41 \sim 45.4$ 米^3/小时
最大介质温度	80℃
最高工作压力	1.38 兆帕
输入电压	AC 24 伏
启动电流	不大于 0.5 安
吸持电流	0.23 安

2.**电动球阀**　电动球阀是工业自动化控制系统中的重要执行机构。主要用于截断或接通管路中的灌溉水，是灌溉自动化过程控制的一种管道开关（图3-7、表3-4）。

图3-7　电动球阀

表3-4　电动球阀技术参数

指标名称	参数
产品型号	ctf-001
开关时间	< 12 秒
阀体材质	铜/不锈钢/UPVC
额定电压	24伏

（续）

指标名称	参数
工作电流	≤500毫安
介质温度	0~100℃
工作压力	≤1.6兆帕
防护等级	IP65

（四）比例施肥泵和文丘里施肥器

1.**比例施肥泵**　在对比例施肥泵施肥解释之前，先介绍传统的施肥罐，构造简单，由溶肥罐、进水管、供肥管、调压阀等组成。由于溶肥罐的体积有限，在灌溉过程中需要频繁的添加肥料。肥液流动的动力来自于输水管上形成的压力差，在灌溉过程中溶肥罐中肥料的浓度会不断降低，施肥的浓度不易控制。

比例施肥泵施肥技术和主要参数（图3-8、表3-5）。它与传统的压差式施肥罐、文丘里施肥器装置大有不同。比例施肥泵是一种采用水力驱动的施肥装置，以水的动力为引擎带动内部活塞的上下的反复运动，将吸入的肥料混合均匀挤压出去。能够将水肥按照一定比例均匀混合，而不受系统压力和流量的影响，避免出现因水流而导致肥料浓度猛增的现象。比例施肥泵能精确地控制施肥量，施肥稳定。

图3-8　比例施肥泵

表3-5　比例施肥泵的主要参数

参数	技术指标
接口尺寸	1寸①（32毫米）
最大比例范围	1.0%
流量范围	1～3米³/小时
工作压力	30 000～600 000 帕
配料比例	0.2%～1.0%
工作温度	5～40℃

　　2.文丘里施肥器　文丘里施肥器在没有稳定水压情况下，施肥过程中受水压和水流速度的影响较大，肥料的浓度不稳定，波动幅度大，施肥浓度不均匀，很难精确控制施肥量。但是，在文丘里施肥器的进水端加一个离心泵，稳定进水端的压力，就可以做到施肥浓度均匀、施肥量准确（图3-9）。

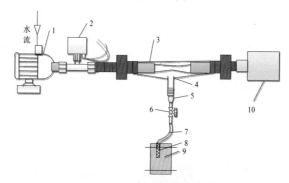

图3-9　文丘里施肥装置示意图
1.离心泵　2.电动球阀　3.文丘里管　4.文丘里喉部　5.逆止阀
6.调节阀　7.吸液软管　8.网式过滤器　9.施肥罐　10.减压腔

（五）过滤器

　　过滤器是灌溉系统的重要组成部分。它可以避免因水质和溶

_____
①寸为非法定计量单位，1寸≈3.33厘米。——编者注

肥过程中造成堵塞的现象。本系统在设计过程中选用了两种过滤器（图3-10、表3-6），一种为叠片过滤器，安置在设备的进水口处，另一种为纱网过滤器，安置在出水口，现今市面上的肥料形态还是以固体为主，在溶解过程中难免会出现溶解不彻底的现象，纱网过滤器为120目的孔隙，可以将未溶解和溶解不充分的肥料颗粒过滤出来，防止管道堵塞。

图3-10　叠片过滤器和纱网过滤器

表3-6　叠片过滤器、纱网过滤器的主要参数

叠片过滤器		纱网过滤器	
主要指标	技术参数	主要指标	技术参数
口径	40毫米	口径	40毫米
最高温度	60℃	最高温度	70℃
链接方式	螺纹	链接方式	螺纹
过滤方式	120目碟片	过滤方式	不锈钢网
最大流量	7米³/小时	最大流量	3米³/小时
最大压力	6千克/厘米²	最大压力	6千克/厘米²

（六）土壤水分传感器

采用土壤水分温度电导率传感器（图3-11、表3-7）。传感器的探针为不锈钢材料，可接受长期的电解，更耐土壤中酸碱盐的腐蚀，受土壤含盐量的影响较小，适用于各种土壤，特别是盐碱土的水分测量。系统能否及时准确地做出合理决策与传感器是否将

数据及时、准确地传输给系统密切相关。土壤中水分含量的变化直接影响着作物生长的健康，当土壤中水分含量较低时，作物光合作用受到抑制，生长受到影响；当土壤水分含量较高时，土壤的通透性将会下降，作物根部的呼吸受到抑制，造成烂根、倒伏、病虫害滋生。因此选择高精度、环境适应性强、响应快速的传感器至关重要。

图3-11 土壤水分含量、土壤温度和土壤电导率三合一传感器

表3-7 土壤水分温度电导率传感器主要参数

主要参数	技术指标
工作电压	2～5伏
静态电流	峰值＜30毫安，平均＜10毫安
响应时间	＜1秒
测量稳定时间	2秒
工作温度范围	−40～85℃
测量区域	以探针为中心，直径为7厘米，高为10厘米
探针材料	不锈钢

九、智能水肥一体化设备总体构造图

（一）基于比例泵的全自动水肥一体化设备

如图3-12所示，基于综合利用作物栽培技术、农业信息技术、计算机技术、水利工程技术等众多领域的知识进行分析、整理，

集成整套全自动水肥一体化系统。

控制柜　　显示触摸屏

比例施肥泵

电磁阀

图 3-12　全自动智能水肥一体化设备总体图

（二）基于文丘里施肥器的全自动水肥一体化设备

如图 3-13 所示，基于文丘里施肥器的全自动水肥一体化的设备，是伴随着现代农业信息技术的应用和滴灌技术日益的发展，设施农业作物的推广种植得到了快速崛起，因地制宜地开发一套适合我国国情以及新疆本土的低成本、高效率、实用性强的全自动水肥一体化系统。目的就是改善绝大多数设施农业的灌溉水和化肥施用没有节制、浪费严重、利用率低的现象，提高水肥和土地资源的利用效率。

图 3-13　基于文丘里施肥器的全自动水肥一体化的设备

十、全自动智能水肥一体化系统操作界面设计

（一）操作界面的总设计

人机界面的设计是为了让用户方便管理。管理者通过交互的界面来查看和设置相关信息。设计采用触摸智能液晶显示屏，操作方便，美观简洁，具有引导功能，使管理者更加清晰明了，提高控制力。人机界面设计清晰明了，整体背景色为淡蓝色，左上角为印有石河子大学校徽，从登陆界面、参数界面、自动运行界面、手动运行界面4个大的界面进行设计。

（二）登录界面的设计

为保障系统的安全运行，在登录界面进行工程加密，防止非管理者之外的其他人员随意登录进入操作界面，更改设定好的数据，造成灌溉过程中出现过度灌溉和灌溉不足的现象和系统的混乱。在登录页面输入正确的密码（图3-14a）后系统自动进入操作主页面，在主页面上出现4个大的部分，系统设置、实时参数、自动运行和手动运行（图3-14b）

a   b

图3-14 登录界面的设计

（三）参数设置界面的设计

在本设计的智能水肥一体化系统中将参数设置模块划分为系统参数和实时参数两个部分（图3-15）。此次设计的系统参数主要

为每次施肥后的冲洗时间的设定（图3-15a），防止施肥后的肥料残留堵塞管道。实时参数是显示土壤水分温度电导率传感器输出的数据，通过触摸屏清晰地显示动态土壤的水分和营养含量（图3-15b）。管理者可以根据实时传输的数据进行合理的选择，设定灌溉量和施肥。

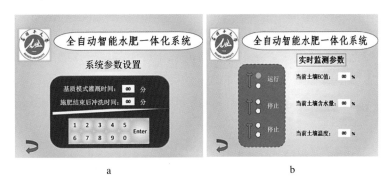

a　　　　　　　　　　　　b

图3-15　参数设置界面的设计

（四）自动运行界面的设计

自动模块设计中施肥模式主要有3种类型：一水一肥、两水一肥和基质灌溉（图3-16）。选择施肥类型后，设置好施肥的时间，点击启动按钮，程序就可自动运行，并完成施肥后的自动冲洗。

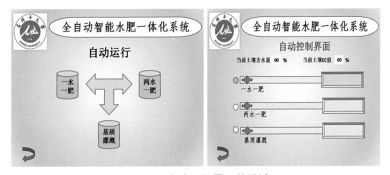

图3-16　自动运行界面的设计

十一、手动运行界面的设计

手动模块设计主要有手动灌溉、手动施肥两个模块（图3-17），管理者可以根据实时监测的数据，手动设置灌溉和施肥的参数，如手动设置灌溉启动时的土壤含水量和灌溉结束的土壤含水量，手动设置施肥的时间和施肥后的冲洗时间。这样有利于管理者在连续干旱或连续降水发生时灵活管理，确保满足作物的水肥需求和养分需求。在手动模块的工作页面呈现出各电磁阀的工作情况，也可手动点击屏幕控制各电磁阀的开启关闭，实现根据不同小区的土壤状况进行精准灌溉和施肥，同时控制多个小区。

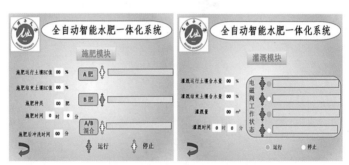

图3-17　手动运行界面的设计

第四章

北方寒区设施葡萄加气灌溉
原理与技术

第一节　加气灌溉技术进展

水、肥、气、热是植物正常生长的四大关键因素，土壤通气性、含水量及土壤强度显著影响植物的生长和发育。研究表明，提高土壤通气性可有效提高土壤相关酶活性，提高根系的呼吸作用，利于根系吸收养分与水分，提高作物产量。高频率灌溉会导致土壤中氧气不足，尤其是在黏土中更为严重。氧气缺乏降低根系活性和保护酶活力，从而加剧植物对各种逆境的敏感性。许多研究表明根区较低的氧浓度强烈影响植物代谢，影响根系呼吸及生长，降低植物的蒸腾速度和矿物质营养的吸收。另外，以前的研究显示，完全没有氧气和低氧浓度可降低植物的抗病性。尽管如此，目前只有少数农业手段提高土壤的透气性，如深翻、改善土壤结构、换土等，但以上操作如改土等方式成本较高且不可逆，因此开发一种简单的技术增加土壤通气性是目前农业种植中需要解决和完善的发展方向之一。

加气灌溉是地下滴灌技术的一种改进，已有20多年的研究历史。加气灌溉将氧或含氧物质通过地下滴灌输送至作物根区，改善作物根区土壤通气性，以满足根系生长发育的需要，从而提高农作物的产量和质量。已有研究表明加气灌溉是具有一定应用前景的有效技术。然而在生产中发现，由于传统地下滴灌浸润范围的有限性，更适用于番茄、玉米、大豆和鹰嘴豆等一年生作物，对根系庞大的多年生果树研究报道较少。

Ben-Noah等研究发现，在灌溉/注气滴头处加球体容器比直接注入空气更有利于土壤氧气浓度的增加，在提高加气灌溉的效率方面，现有的滴灌方式还有一定的改进空间。地下穴贮滴灌技术是本研究团队根据干旱区林果生产的实际需求，为有效解决地表滴灌导致的根系上浮及普通地下滴灌堵塞问题，将滴灌技术与束怀瑞院士提出的"穴贮肥水技术"有机结合而开发出的一项新的节水滴灌方法（已获国家专利授权）。前期研究表明，该技术与地表滴灌相比节水30%以上，在促进根系下扎、提高肥料利用率、省工等方面具有一定优势，这种技术可用于注气灌溉而不增加太多成本。目前葡萄生产的高度集约化、过度灌溉、农业机械碾压、过量施肥、少中耕等因素均导致土壤紧实，造成根区低氧胁迫，限制葡萄产量、品质的提升。因此，对葡萄进行加气灌溉是具有一定潜在应用推广价值。

一、加气灌溉技术研究进展

研究者通过对根际注入空气来解决根系周围缺氧的问题，人们很早就验证了根际注气的益处，20世纪40年代末，Melsted等（1949）进行了根际加气对作物生长影响的研究，Enyeart最早提出向土壤加气来解决根际低氧问题。近年来通过根际加气来解决根际缺氧问题受到广泛关注，并发展了多种加气技术，但在大田的应用尚未开展。Vyrlas等利用注气泵向马铃薯和胡萝卜根际注入空气，结果表明加气处理可提高马铃薯和胡萝卜产量、改善其品质。Busscher研究加气对大田和盆栽茄子、大豆和番茄的影响，结果表明加气提高了3种作物的产量。进入21世纪，作物根区加气技术的研究和探索受到更广泛的关注。国外研究人员采用加气装置连接地下滴灌系统把掺气水输送到作物根区来灌溉作物，称为地下氧灌（Subsurface Oxygation）、掺气地下滴灌（Aeration Subsurface Drip Irrigation）、氧灌（Oxygation）或注气灌溉（Air Jection Irrigation）。结果表明这种技术平衡了根系周围的水、肥、气条件，利于根系的有氧呼吸及正常的生长发育，协调了植株地上部和地下部的生长发育，是一种节水、减肥的有效的新型滴灌技术。随着地下滴灌应用面积不断扩大，地下滴灌系统通过连接注气系统即可改造为地下氧灌系统，因此，地下氧灌技术的应用具有可行性。

（一）加气灌溉对土壤及植株生长发育的影响

土壤通气性是土壤肥力指标之一，土壤气体含量影响土壤中的生化、物理过程。土壤导气率可反应土壤气体与空气的交换，是土壤通气性的重要指标，可综合反映土壤质地、结构、紧实度等基本物理属性及土壤干湿状况，土壤导气率与土壤氧含量密切相关。灌溉会影响土壤的通透性，降低根系的氧含量进而影响植物的生长发育。Niu 等利用地下滴灌带对容重分为 1.3 克/厘米^3、1.4 克/厘米^3、1.5 克/厘米^3 的棕壤土（砂壤土）和黏土灌水，随后测定土壤导气率，发现不同容重下的棕壤土导气率分别下降 88.2%、70.1%、42.5%；黏土导气率分别下降 71.2%、65.4%、54.3%。对土壤加气，加气停止 10 分钟后测定土壤导气率，不同容重下棕壤土导气率分别提升 3.7 倍、2.0 倍、1.5 倍；黏土导气率分别提升 1.3 倍、1.4 倍、1.5 倍。

土壤中空气、水分和养分的最优平衡状态定义为"金三角（Fertile triangle）"，当达到这种最优平衡状态时，作物生产力可达到最大。加气灌溉下根系缺氧的状况得到有效改善，虽然"金三角"的状态几乎很少能达到，但是加气灌溉下的根系土壤环境也可能在接近这种状态或达到一种适宜的平衡。根际土壤的物理特性及化学性质直接影响根系对养分和水分的吸收，进而影响植株的生长发育。土壤空气含量可以影响植物根系呼吸、土壤微生物、土壤养分状况等，土壤气体环境对植物生长具有重要的影响。土壤中氧气和二氧化碳含量影响植物生长及作物产量形成。Heuberger 等认为，灌溉或降水后，作物根部土壤气体被迫排出，土壤中的氧气减少，从而抑制根系呼吸作用，影响作物生长。根系作为吸收水肥的重要器官，其吸收能力受土壤含气量的影响和制约，土壤的渗透性降低将减少植物根系对养分的吸收，影响植物的生长和发展的能力。研究表明，低氧胁迫下植物叶绿素含量和光合速率降低，促进番茄果实提早成熟，果实品质降低，如维生素C和番茄红素下降。甜瓜根际氧含量下降，会导致可溶性蛋白含量下降，谷氨酸合成酶、硝酸盐、氨基酸的增加，根系氧呼吸明显受到抑制，影响果实发育。

（二）加气灌溉对土壤微生物的影响

土壤微生物是土壤有机质和土壤肥力的主要驱动力，与土壤养分含量等相比，能够更敏感地反映土壤质量状况。土壤酶主要由土壤微生物、植物根系分泌，植物残体和土壤动物区系分解产生的，参与土壤中的物质和能量流动，是土壤中各种生化反应的催化剂，是反应土壤肥力高低的重要指标。

土壤中有机质的分解，氮素代谢如氮的矿化、硝化和反硝化等大部分反应都是在微生物和酶的共同作用下完成的。然而由于设施农业高频率的灌溉及机械化作业对土壤的碾压，将导致土壤紧实度增强，降低土壤的通气性，阻碍空气与土壤气体的交换，造成土壤处于缺氧状态。土壤通气性的改变势必影响到土壤微生物数量和土壤酶活性。根系在低氧环境下，活力下降，好氧性土壤微生物活动减缓、酶活性降低，间接影响到土壤养分循环和作物对养分的利用，土壤中有机质分解缓慢，可供植株直接利用的矿质元素含量不足，限制了土壤肥效的充分发挥。

适量的根际通气可以提高土壤透气性，提高土壤氧环境，保护土壤微生物，提高土壤酶活性。前人研究表明，加气灌溉对大豆、西葫芦、南瓜、玉米等作物产量及品质均有显著的改善，尤其对黏重土壤效果更加明显。

Greenway 等研究发现，当土壤空气中的氧含量达到 20％时，作物产量显著提高。Vyrlas 等研究表明，加气处理可增加甜菜根重与糖分含量。另有研究发现，通过施肥器将空气通入土壤可以缓解土壤的缺氧性，进而提高作物产量。目前，有关加气灌溉对根系生长影响的研究大多集中在部分蔬菜和农作物上，对多年生果树影响的研究尚不多见。

土壤呼吸，简单的说就是指土壤释放二氧化碳的过程，和人的呼吸一样。土壤中的微生物的呼吸、作物根系的呼吸和土壤动物的呼吸都会释放出大量的二氧化碳。土壤呼吸是表征土壤质量和土壤肥力的重要指标，也可以反应生态系统受到环境变化的影响，当然，土壤呼吸还为植物提供光合原料——二氧化碳。Friedman 等揭露扩散是土壤和大气以及土壤和作物根系气体交换的主要体制。因此，当土壤通气性较差时，土壤呼吸（产生二氧化碳的过程）会受到限制，土壤二氧化碳含量会显著增大。

表层土壤通气性的相关研究也表明，土壤呼吸、气体扩散等在表层土壤不同程度的覆盖或裸露时形成显著差异，根区氧气扩散过程也控制着用于根系呼吸的氧气的供应，因此，在厌氧环境中土壤呼吸也会因土壤缺氧受到限制。Bhattarai 等对枣树和棉花的研究结果表明，与不加气灌溉相比，加气灌溉下土壤呼吸速率分别增大到 124％ 和 183％，朱艳等研究了加气灌溉对温室番茄根区土壤环境的影响，与对照相比，加气灌溉下土壤呼吸速率显著增大，提高了 33.16％。

（三）地下滴灌

早在1913年，美国的House就开始了地下滴灌的探究，但由于受当时技术水平的限制，试验中，地下滴灌技术并没有增加根区土壤含水量，同时由于应用成本较高，最终放弃了这项研究。1920年，加利福尼亚的Charles用瓦管使其周围的土壤得以湿润，并获得美国专利，这是地下滴灌的雏形。20世纪70年代，由于地下滴灌灌水均匀性较差、堵塞严重等问题没有得到有效解决，发展速度缓慢。1979年在美国亚利桑那州Coolidge附近安装了第一个棉花地下滴灌系统，面积为0.2公顷，至1985年已有约0.8万公顷棉田安装了地上与地下管道，当地称为"亚利桑那系统"，开始了真正意义上的地下滴灌系统应用和研究。此后，以色列Nana公司的棉花和果树地下滴灌系统正常运行3年多，美国Lama等宣布，他们地下滴灌系统已成功使用10年。美国堪萨斯州立大学从1989年开始，连续进行了10年的大田作物地下滴灌研究，已累计完成22个地下滴灌的研究项目，对地下滴灌的设计、维护和经济性及长期效应做了广泛的研究，编写了正确使用地下滴灌的多种技术指导材料。

目前，世界上拥有比较先进的滴灌以及地下滴灌技术的有以色列的耐特·菲姆现代灌溉和农业系统公司、普拉斯托灌溉系统集团公司，他们在美国、澳大利亚、法国、中国等设有滴灌产品生产线，产品销售和服务遍及全球80多个国家和地区。

我国地下滴灌起源于地下水浸润灌溉，1974年，现代滴灌技术进入我国，由于地下滴灌不仅具有一般滴灌节水的优点，而且便于耕作，设备不易丢失，所以国内学者也多有尝试。1978年山西晋东南地区水科所与阳城县水利局、长治农校合作，在阳城上李村进行过4年大田作物地下滴灌试验。山西省万荣县南景村农民王高升于1990年自发地安装了0.67公顷的果园地下滴灌，节水增产效果良好，掀起了运城地区地下滴灌建设高潮，已发展地下滴灌约6 700公顷。但由于对地下滴灌技术本身了解不够，采用塑料管打孔的工艺存在缺陷，加上运行管理措施不力，灌水不均、堵塞等问题日益严重，导致大部分工程失败。

国内外使用的地下滴灌系统设备均来自地面滴灌系统，通常灌水器采用内镶式或带有补偿性能的滴头以确保系统供水的均匀性。由于系统停止供水时易在管内产生负压，造成管外土壤颗粒内吸而引起滴头堵塞，因此目前的研究难点主要集中在灌水均匀度和滴头堵塞这两方面。吕谋超等研究了孔口式、发丝管式、内镶式3种常用灌水器，将其应用于地下滴灌系统，分析了流量变化规律、灌水均匀度及对堵塞的敏感度。中国水利水电科学研究院在北京大兴开展的有关地下滴灌室内外试验结果证明，对内镶式或带有补偿性能的滴头采用外包无纺布处理地埋后，既可获得较为理想的防负压堵塞效果，又能在适当的毛管间距布设范围内获得较高的灌水均匀度。程先军等研制了一种既具有防负压堵塞性能、又具备较佳压力补偿性能的地下滴灌专用滴头，其节水增产效果显著。

（四）可再生能源的结合

温、光、水、气作为设施农业生产的四大环境要素，每一项的调控都需要各种设施设备的参与，全年生产的能源消耗非常巨大，这也是设施农业发展以来在经济和市场角度所面临的一项问题，现阶段在设施农业中已进行了多种可再生能源应用的研究，如光伏技术、冷暖技术、地热技术、风能技术、生物质能等各有特点。就光伏技术而言，单纯的发电技术（并网和离网）已经比较成熟了，并在农业设施生产环境中广泛应用于采光面及屋顶面的阵列布置，有分离式、分布式及薄膜式多种布置形势，其中将光伏组件直接铺设在温室上面进行发电和蓄能在生产中已大面积推广应用，但其用钢量大，建造成本非常高，回收期较长，多适用于大型连栋温室和观光项目，不适合小规模的家庭经营。家庭经营的小型设施生产中，大多还采用土墙结构和保温塑料薄膜等简易措施，没有自动化开窗及卷帘设备，冬季取暖采用自给式的锅炉水暖管，夏季降温采用无风机的自然通风，常用电设施为照明或补光系统及一些温湿传感器系统，因此在全年实际生产中的用电需求小，对于此类现象，如何设计一种能够将可再生能源和智能"水、肥、气"一体化滴灌相结合的系统，对偏远地区设施果树的周年生产有着巨大的帮助。

二、发展设施葡萄加气灌溉技术的必要性

设施农业采用先进的科学技术和工厂化生产方式，为农作物的高效生产提供适宜的生长条件，无论在任何地区、任何环境、任何季节均能种植所需的农作物。设施农业的迅速发展加速了农业科学推广，对农业现代化水平的提高起到了积极的推动作用。目前节水灌溉研究较多的集中于大田作物，果树节水滴灌研究刚刚起步，如果单纯地将一年生作物上的节水技术应用于林果业生产，则会出现诸多不适。

目前设施果树生产水肥管理还是以大水漫灌为主，灌溉和施肥的随意性大，管理方式粗放，劳动强度高，已经无法适应我国经济社会的快速高效发展。水肥耦合灌溉技术由于具有节水节肥、水肥协同、植物对水肥的利用效率高等优点，在我国已有部分研究和推广，但主要集中于地上滴灌部分，对于地下滴灌的灌溉系统和水肥控制目前研究较少。针对当前设施果树生产现状设计出一种通过光伏与热电技术联合发电驱动的地下穴贮"水、肥、气"一体化滴灌系统，为设施果树的高效生产提供一种自动化、精准水肥的节能高效滴灌系统，对提高设施果树的生产效率和节约能源具有十分积极的现实意义。

第二节 地下穴贮滴灌加气灌溉技术基本原理与设计

一、地下穴贮滴灌加气灌溉技术基本原理

（一）地下穴贮滴灌原理

地下穴贮滴灌是一种将滴灌管深埋在地表下土壤中的一种滴灌方法，用水泵把水输送到深埋在地下的毛管或滴灌带中，从毛管或滴灌带上的出水口滴灌湿润地下土壤，施肥罐接入输水主管，过滤器内部包括支架和过滤网，可以通过水表、开关合理地控制水、肥的用量，节约用水；实现了水肥协同，使灌溉和施肥产生良好的水肥耦合效应。所述施肥罐为塑料或铁制的30～50升的压差式施肥罐，其与输水管连接，通过压力差实现肥料的混拌和施用（图4-1）。

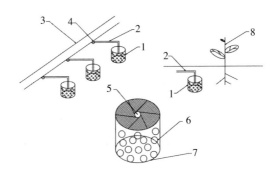

图4-1　穴贮滴灌装置
1.贮水容器　2.进水支管　3.主管　4.稳流器
5.进水小孔　6.透水小孔　7.贮水底盘　8.苗株

（二）根际注气原理

土壤通气对根系生长影响很大。通气良好处的根系密度大、分枝多、须根量大；通气不良处发根少，生长慢或停止，易引起

果树生长不良和早衰。由于土壤不同深度的温度随季节而变化，分布在不同土层中的根系活动也不同，通过冬季适当注气能提高地温，使根系提前破除休眠状态，促进植株早萌芽、果实提早成熟，提前上市时间，增加经济效益。

最基本的操作与一般滴灌一致，不同的是在各个贮水罐的入口处添加恒压装置，在设备的操作面板上根据各个作物的种类和生长时期确定注气的量和频率及时间，再根据不同时期的需要添加物料以此改变气体种类，从而改变作物的生理状态（图4-2）。

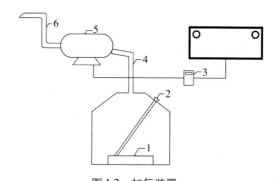

图4-2 加气装置

1.CO_2发生器 2.加料口 3.定时开关 4.出气口 5.充气装置 6.进气口

各部系统开启关闭调节；水系统包括水泵、水表、过滤器、电磁阀等通过滴灌的主管、各类支管以及毛管进入地下；肥系统包括肥料贮藏罐和混合罐，在中央处理器系统和水系统的基础上，使肥料按照不同的需求进行肥料的自动配比混合后进入地下；气体系统包括气体发生罐以及化学物品贮藏罐，根据不同的气体需求进行化学反应从而产生气体。

（三）光伏发电原理

光伏即光生伏特现象，是指在光的照射下，半导体会产生电动势的一种物理现象。光电效应的原理可简述为：将P型半导体和N型半导体结合在一块时，在其接触面上会形成一个特殊的物理层，由于P型半导体空穴较多，N型半导体电子较多，在接触面上形成了浓度差，电子和空穴将会向对方扩散，在扩散的过程中逐渐形成的内电场会使扩散趋于平衡，最终形成了所谓的P-N结，P型半导体和N型半导体一侧将分别带负电和正电。光伏发电技术的最基本单元是太阳能电池，太阳能电池的最基本单元是P-N结。在太阳光的照射下，P-N结上就会激发出电子-空穴对，产生电动势。光照越强、P-N结面积越大，产生的电子-空穴对就越多，光生伏特电压就越大。在外接回路的作用下，P-N结产生的光电压就会成为一个独立的电源，为外界提供电能，其原理如图4-3所示。

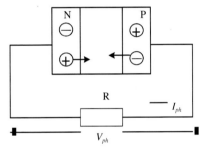

图4-3　光伏发电原理

（四）热电发电原理

热电发电即温差发电技术，基本原理是塞贝克效应，其内容是：将P型和N型两种不同类型的热电材料的一端相连，形成一个P-N结，并使之一端处于高温状态，另一端处于低温状态，由于热激发的作用，P（N）型材料高温端空穴（电子）浓度高于低温端，由于存在浓度梯度，使得空穴和电子向低温端扩散，产生电动势，通过热电材料热端和冷端之间的温度差实现了热能向电能的直接转化。由于一个P-N结所能形成的电动势非常小，因此在实际应用中将很多P-N结按照一定的方式连接起来，以获取足够高的电压，温差发电的基本原理如图4-4所示。

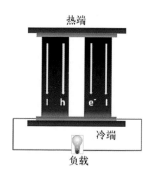

图4-4　温差发电原理

二、地下穴贮滴灌加气灌溉装置设计

我国现阶段使用的滴灌仅仅是地表滴灌和膜下滴灌技术，需要设计一种能够高效结合水肥气一体化技术的智能滴灌系统，再充分对现存可再生能源进行结合与利用，为设施果树生产提供便捷，在基于果树地下滴灌多年探索的基础上，最终发展出对于设施果树灌溉的智能高效"水、肥、气"一体化灌溉系统。

精确提供植物不同生理期所需的水、肥、气的量。光伏及热电组件提供过程发电；蓄电池提供整体设备用电需求；水泵提供水源；气体发生装置提供所需的不同气体；过滤器提供对水的净化过滤；施肥罐将肥料与水混拌均匀后提供肥料；水表和开关控制水肥气的用量；毛管或滴灌带和地下穴装置组成防堵塞的地下滴灌管路，用于水分的运输和阻隔根系和土壤颗粒，以使毛管或滴灌带可持续的为植物提供合适的水肥气供应。

核心理念是由可再生能源供电设备驱动整体系统的运行最终通过滴灌带使水肥气集合在一个管道中注入地下并实现其自动化。

（一）穴贮滴灌组件

装置主要由稳流器、毛管、穴贮透水器组成（图4-5）。稳流器与PVC主管连接，稳流器滴头连接毛管，毛管下插入穴贮透水器，穴贮透水器周围打有小孔。操作时，开启水泵闸门，水流通过PVC主管进入稳流器，稳流器的滴头将水分通过毛管输入穴贮透水器，穴贮透水器最终用压力将水分缓释入根系。

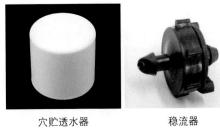

穴贮透水器　　　　　稳流器　　　　　　毛管

图4-5　滴头组件

常用布置方式为，埋深距离20厘米，与植株水平距离5厘米。穴贮透水器上端密封并连接进气毛管，侧面均匀分布直径为3.2毫米的小孔，连接及布置方式如图4-6所示。

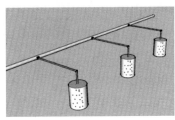

图4-6　连接及布置方式

（二）水肥气一体化组件

水肥气一体化组件，主要由压差式施肥罐、输水管、气体反应器、充气装置、过滤器、水表、开关、控制器等组成。压差式施肥罐出口与主管连接，气体反应器连接充气装置，充气装置与施肥管通过三通开关相连。工作时往气体反应器中加料（碳酸钙和稀盐酸）经反应后储于气箱内，再由控制器连接开关执行预先设定的注气选项，选择将气箱内的二氧化碳气体或直接通过充气装置产生的氧气输送至与压差式施肥罐三通连接的输水管中，并由过滤器阻挡溶解不充分的肥料以防止阻塞毛管，最终混合后的水肥气通过主管一并输入毛管中，由毛管进入预理下的穴贮滴灌组件精确到达植物根际。

压差式施肥罐

气体反应器

充气装置

三通管件

过滤器

控制器

图4-7　水肥气一体化组件

（三）光伏供电组件

装置主要由多晶硅太阳能电池板、控制器、接线盒、蓄电池及逆变器组成。控制器与太阳能电池板接线盒连接，蓄电池连接控制器。其中多晶硅太阳能电池板的功率为100瓦，短路电流5.85安，开路电压21.5伏，工作电流5.41安，工作电压18.5伏，控制器型号为通用12伏/24伏自动识别，蓄电池型号为博睿12V-200AH

胶体电池。连接原理如图4-8所示。

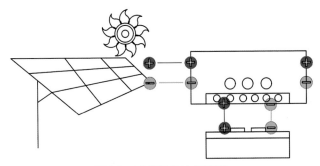

图4-8 光伏组件连接原理

太阳能电池和蓄电池连接的时候，通过充电控制器，可以控制太阳能电池的输出电压，也可以保护电池不被过充，同时，也保证了太阳能电池不发电时，防止蓄电池的电倒流。通过光伏产生的直流电，可以直接供节能灯照明，储存的电能由逆变器将直流电变为交流电，逆变器有多种类型，选择型号DC12V/DC24V并配USB输出端口，可为滴灌控制器、充气装置及USB接口的数码设备使用。光伏组件的尺寸型号如图4-9所示。

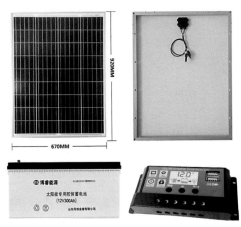

图4-9 设备尺寸及型号

（四）热电供电组件

热电发电组件因其发电功率较小常用作备用发电使用，因为光伏供电方式单一且受环境影响较大，在遭遇连续极端天气条件下会导致无法工作，故采用热电发电的方式与其联合使用，来保证整个自动滴灌系统在周年生产中过程中的工作稳定性。热电供电组件主要由温差发电片、导热板、热端燃烧室、冷端水冷室、电子温度数显计及控制器组成。控制器与温差发电片连接经DC变换后将电能储与蓄电池中，蓄电池连接控制器和电子温度数显计，通过电子温度数显计的反馈及时填补热端燃料和冷端水源保持热电反应所需温差。其中温差发电片为高性能半导体碲化秘材料，发电片尺寸为40毫米×40毫米×3.4毫米，热电参数如下：温差电动势（a）>190×微伏/℃，电导率（σ）850～1 250西门子/米，热导率（K）$15×10^{-3}$～$16×10^{-3}$℃/米，并且优值（Z）为$2.5×10^{-3}$～$3.0×10^{3}$瓦/℃。工作原理如图4-10所示。

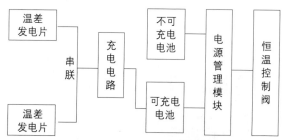

图4-10　热电组件工作原理

热电发电组件以温差发电片单元为核心部件，其实物如图4-11所示。该核心部件为单层双面陶瓷封装结构，封装物为704硅胶，内部为半导体材料，其成分为碲化铋（Bi_2Te_3），材料接触两端为覆在陶瓷板上的铜电极，电极与材料之间由低温锡焊而成，最后由电极两端连接金属导线制成。

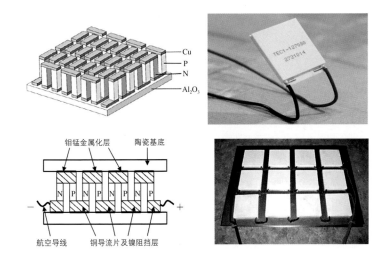

图4-11 发电片结构及阵列方式

　　工作原理是将一定数量的温差发电片串联后，组成一个发电片阵列，将固定好的发电片阵列的热端（无字面）贴近热源燃烧室，燃烧室位于发电片阵列的下方，发电片阵列平放在燃烧室顶部外表面上，在发电片的热端与热源燃烧室的接触面上涂抹一定厚度的导热硅脂（YS910），或粘贴耐高温、导热性好的柔性石墨导热纸，使热源均匀。发电片冷端（有字面）贴近水冷室，水冷室由铝质材料构成呈盒状位于发电片阵列的上方，里面盛装用于构成冷端的水源，通过发电片阵列上下方冷端与热端形成的温差，该组件就可产生持续的直流电能，且组件两端的温差越大，其产生的直流电能越大，热电转换效率也会随之提高。由碲化铋材料构成的发电片，可做到连续最高工作温度120℃，最高工作温度125℃，当冷热端温差60℃时开路电压2.4伏，发电电流469毫安，温差80℃，开路电压3.6伏，发电电流558毫安，温差100℃开路电压4.8伏，发电电流669毫安。燃烧过程中，通过电子温度数显计调整温差，使其一直保持较高的工作性能，最后将产生的电流通过控制器充电到蓄电池中，再由逆变器升压后供滴灌系统工作部件的使用。

三、整体工作流程图

1.工作图示（图4-12）

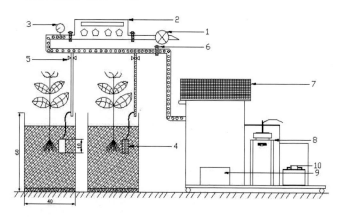

图4-12　工作图示

1.调压水泵　2.控制系统　3.水表　4.穴贮滴灌装置　5.支管开关阀
6.主管开关阀　7.光伏电池板　8.气体压力平衡箱　9.热电燃烧室　10.蓄电调控箱

2.流程图示（图4-13）

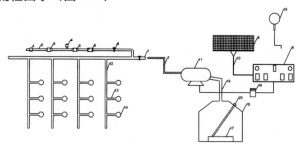

图4-13　流程图示

1.水泵　2.主管　3.过滤器　4.施肥器　5.水表　6.开关　7.进气口　8.太阳能板
9.调控装置　10.电线　11.充气装置（供氧）　12.滴灌管　13.毛管　14.地下管
15.补光灯　16.定时器　17.CO_2发生器（碳酸钙和稀盐酸）　18.CO_2贮存器
19.出气口　20.加料口

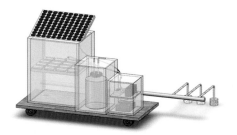

图4-14 装置视图

3.技术创新点与优点

①与国内现有的地表滴灌（膜下滴灌）相比，由于地下滴灌技术的独特性，使滴灌技术由原来的"水肥一体化"技术拓展为"水肥气一体化"技术；与国外推广应用的地下滴灌相比，由于地下滴灌设计的构造不同，本研究的地下滴灌系统拓展为根际注气（氧气和二氧化碳）满足了根际的土壤通气的需求。

②增大果树的水肥利用率，通过智能控制系统合理的控制水、肥的用量，节约用水。

③节水能力显著，能够将植物所需的植物营养及水分直接送达根系，避免了地上滴灌所带来的水分蒸发问题。

④实现了水肥气协同，使灌溉、施肥和加气产生良好的耦合效应，田间管理时能够有效控制水和肥的用量，实现水肥气精准使用，提高田间资源利用率。

⑤水分直接进入根系土层，利于根系向下生长，避免冬季冻死冻伤根系等。

⑥实现了可再生能源对设施自动灌溉的供电需求，提升经济效益和节能减排。

⑦热电技术备用供电，使在遭遇极端恶劣气候条件时，仍能满足自动滴灌系统的正常运行。

⑧采用农业生产常见的秸秆、树枝、牛粪等农业生物质燃料，

实现了对农业废弃物的有效利用。

⑨延长滴灌设备尤其是滴灌带的使用寿命，由于滴灌带埋于地下，避免了农事操作或动物对滴灌带的破坏，并且防止了紫外线及昼夜温差变化等导致的滴灌带的老化问题，延长使用寿命。

⑩避免了因为地表灌溉所带来的空气潮湿而造成的各种病害。

⑪降低田间管理劳动强度，节省管理费用，又便于机械在田间作业。

附 录

北方寒区温室建造技术标准

1.范围

本标准以新疆石河子地区（东经85°94′~86°03′，北纬44°18′~44°47′）为参考区域，规定了用于设施果树栽培的节能日光温室的建筑结构、采光、保温、加温、通风设计建造主要技术规范。

2.规范性引用文件

下列文件对于本文件的应用是必不可少的。凡是注日期的引用文件，仅所注日期的版本适用于本文件。凡是不注日期的引用文件，其最新版本（包括所有的修改单）适用于本文件。

GB/T 19165—2003 日光温室和塑料大棚结构与性能要求

GB/T 23393—2009 设施园艺工程术语

GB/T 29148—2012 温室节能技术通则

GB/T 51183—2016 农业温室结构荷载规范

NY/T 1145—2006 温室地基基础设计、施工与验收技术规范

NY/T 1832—2009 温室钢结构安装与验收规范

NY/Y 3024—2016 日光温室建筑标准

NY/T 3223—2018 日光温室设计规范

NY/T 1451—2018 温室通风设计规范

JB/T 10297—2001 温室加温系统设计规范

DB11/T 291 —2005 日光温室建造规范（北京市地方标准）

DB14/T 571—2010 塑料薄膜日光温室建造规范（山西）

3.定义和术语

3.1 节能日光温室　屋面东西延长，南侧前屋面覆盖塑料薄膜等透明覆盖材料作为采光面，夜间需要覆盖保温被；北侧后屋面为保温屋面，北墙及东西山墙为保温蓄热围护墙体。主要利用太阳能为主要光、热能源，在寒冷季节以人工辅助加温而能进行作物栽培的单屋面温室。

3.2 日光温室骨架　用以支撑温室整体屋面并承受各种附加荷载的全部（除墙体外）建造构件单元（按规定的程序、方法、标准）安装组合或焊接架设而成的建造结构体。

3.3 北墙（后墙）　形成日光温室北侧以承重、蓄热和保温的围护墙体。由砌筑材料和保温材料复合建造的墙体结构。

3.4 山墙　垂直于日光温室屋脊的两侧东西外墙。构造和功能等同于后墙。

3.5 保温基础　前屋面及后墙、山墙基础均采用连续基础，可参考标准NY/T 1145—2006的有关规定。在基础外侧设置保温层，保温层材料采用聚苯乙烯泡沫塑料板。

3.6 温室门斗　温室山墙门外设置的缓冲间，门斗宜设在温室东山墙外，门斗开门方向向南。

3.7 温室外保温被机械卷帘机　沿温室长度方向在中部设置悬臂式机械卷帘机，保温被卷起单程时间不大于5分钟。

3.8 温室外遮阳系统　在温室前屋面上设置的外遮阳系统，由支撑骨架、钢索拉幕机构、减速电机、遮阳网组成。

3.9 温室强制通风系统　在温室后屋面距地面80厘米处开设直径60厘米×60厘米的通风窗，内置轴流式风机，向温室内送风，通风窗间距6～8米。通风窗外墙处加装防寒被或自动控制窗。在温室前屋面底脚处设置机械卷膜通风装置，并加装防虫网。

3.10 **温室地中加温系统** 在温室栽培床面积上按照一定埋深和间距布置地暖水管。地暖水管供热量满足1～2月温室内地暖水管埋深位置地温高于15℃。地暖水管热源采用电热锅炉或天然气供热锅炉。

3.11 **温室节水灌溉及水肥一体化系统** 在温室中安装水肥一体化自动灌溉控制系统及储水池或供水设施，储水池容积大于10米^3，应避光，防止藻类滋生。

4.节能日光温室主要建筑参数

如附图1所示，单栋温室内地面面积为630米^2。

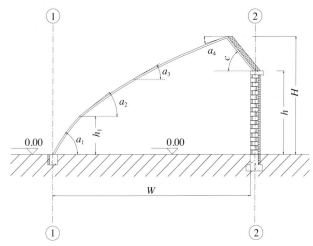

附图1 石河子垦区设施果树节能日光温室主要建筑参数

4.1 **温室跨度W** 日光温室的后墙内侧到前屋面下基础与骨架外侧相交的水平距离。石河子地区设施果树节能日光温室跨度为9米。

4.2 **脊高 H** 温室屋脊到地面设计标高的高度。石河子地区设施果树节能日光温室脊高为5.5米。

4.3 **温室长度 L** 温室沿屋脊方向的长度，以日光温室东西山墙内侧之间的距离来表示。石河子地区设施果树节能日光温室长度为70米。

4.4 **温室后墙高度 h** 日光温室的后屋面内表面和后墙内表面的交线与温室内地平面之间的垂直距离。石河子地区设施果树节能日光温室后墙高度为3.8米。

4.5 **后屋面仰角 C** 日光温室的后屋面与后墙顶部水平线之间的夹角。石河子地区设施果树节能日光温室后屋面仰角 C 为52°。

4.6 **作业最低高度 h_1** 温室内距前屋面底脚处骨架外侧水平距离1米处，骨架最低点值室内地平面的高度。石河子地区设施果树节能日光温室作业最低高度为1.8米。

4.7 **温室前屋面坡度角 a** 温室横剖面上前屋面某一点处的切线与水平线之间的夹角。石河子地区设施果树节能日光温室前屋面底脚处坡度角 a_1 为60°，距前屋面底脚处水平距离1米处坡度角 a_2 为38°，距前屋面底脚处水平距离4米处坡度角 a_3 为29°，屋脊处前屋面坡度角 a_4 为 − 15°。

5.节能日光温室布局

5.1 **温室方位** 坐北朝南，东西延长，南偏西5°。

5.2 **温室间距** 前后排相邻的温室间距 D 如附图2所示。其间距的确定以冬至日10：00至14：00之间前栋温室不影响后栋温室的采光为准。石河子地区设施果树节能日光温室前后排温室间距 D 为15米。

左右相邻的温室间隔距离，参考道路的宽度，机耕道双向行驶一般6米，单向行驶一般2.0米。并且排列位置一致，形成风道，保证通风良好。

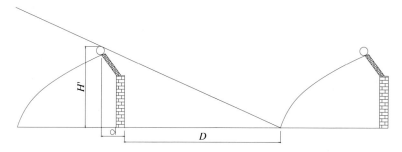

附图2　石河子地区设施果树节能日光温室前后排温室间距

6.温室结构设计及要求

6.1 日光温室荷载分类　石河子地区设施果树节能日光温室荷载的分类见GB/T 51183。

6.2 设计荷载

6.2.1 前屋面所受荷载及其取值。

①前屋面所受恒载有钢骨架结构自重、保温被自重（铺放和卷起）、卷帘机（电机和减速器）自重。结构自重标准值取120牛/米^2；保温被铺放自重标准值取20牛/米^2；保温被卷起自重标准值取260牛/米；卷帘机自重标准值取30千克。

②前屋面所受活载有雪荷载、风荷载、作物荷载。雪荷载标准值取750牛/米^2。风荷载标准值取500牛/米^2。作物荷载标准值取150牛/米^2。

6.2.2 后屋面所受荷载及其取值。

①后屋面所受恒载有后屋面结构自重。后屋面结构自重标准值取120千克/米^2。

②后屋面所受活载有风荷载、施工荷载。风荷载标准值取500牛/米^2。施工荷载的标准值取1 000牛。

6.3 钢骨架设计及其寿命　单榀钢骨架为平面两铰拱结构，采用热镀锌"几"字形钢材，截面尺寸为80毫米×50毫米×2.5

毫米。单榀钢骨架间隔1.0米。

设置7道将单榀钢骨架纵向连接成一体的系杆,采用热镀锌圆管,规格为DN25毫米×1.5毫米。骨架材料热镀锌型材的涂层应符合GB/T 13912的要求。

6.4 承重墙设计　石河子地区设施果树节能日光温室后墙及山墙为承重墙。为多孔烧结砖砌筑的240毫米墙体。多孔烧结砖强度等级为MU20,砂浆强度为M10。

后墙和山墙需设置圈梁和构造柱加固。圈梁、构造柱设置建造应参照相应规范。

墙体圈梁及构造柱尺寸:

①后墙及山墙圈梁,钢筋混凝土类型,混凝土等级为C20。上下圈梁截面尺寸为240毫米×320毫米,纵筋:Φ12钢筋。箍盘:Φ6钢筋。

②构造柱,钢筋混凝土类型,混凝土等级为C20。构造柱截面尺寸为240毫米×400毫米,纵筋:Φ14钢筋。箍盘:Φ6钢筋。

6.5 基础设计　建设地址的地下水位大于5米。地基的承载力的标准值不小于140千帕。后墙及山墙下采用条形连续基础,混凝土标号C25,其规格为:单筋扩展基础截面尺寸为上底面宽400毫米,埋深800毫米以下基础扩展200毫米,基础埋深1 200毫米处底面宽800毫米。底部配筋为纵筋,Φ12@50毫米。

南(前)底脚下采用条形基础梁,混凝土标号C25,其规格为:基础底面宽400毫米,基础埋深0.5米。单筋矩形截面尺寸为400毫米×500毫米,纵筋为Φ12@50毫米。

7. 温室保温设计

7.1 保温设计的气象条件　设计室外温度取石河子地区冬季(1月)满足90%的平均最低温度−28℃。设计室内温度取果树根系不受冻下限温度−5℃。

7.2 **后墙及山墙保温设计**　后墙及山墙采用砖墙＋外保温层复合墙体，外保温层的厚度根据最小热阻法确定。石河子地区设施果树节能日光温室围护墙体的最小热阻大于 1.4 米 ^{2} · 开 / 瓦 。

石河子地区设施果树节能日光温室后墙及山墙复合墙体，主体采用 240 毫米空心黏土砖墙砌体，外保温层采用聚苯乙烯泡沫塑料板，保温层厚度为 100 毫米。

7.3 **后屋面的保温设计**　后屋面可用单面压成瓦楞彩钢板，夹芯为聚苯乙烯泡沫塑料板；后屋面也可采用清水木模板＋聚苯乙烯泡沫塑料板＋防水砂浆抹面构造。聚苯乙烯泡沫塑料板厚度 200 毫米。

7.4 **前屋面外保温被热工要求**　保温被总传热系数小于 2.5 瓦/（米 ^{2} · 开）。保温被外表面为抗老化防水牛津面料；内侧衬里为长波反射率大于 80% 的镀铝膜。中间保温材料采用针刺棉、玻璃棉，重量 2 千克 / 米 ^{2} 。

7.5 **基础保温设计**　在基础外侧设置保温层，保温层材料采用聚苯乙烯泡沫塑料板。厚度为 100 毫米。

8. 温室加温系统设计

8.1 **加温系统设计的气象条件**　设计室外温度取石河子地区冬季（1 月）满足 90% 的平均最低温度 − 28℃。设计室内温度取果树根系不受冻下限温度 − 5℃。

8.2 **室内补充加温系统**

8.2.1 **采暖系统的最大采暖负荷。** 石河子地区设施果树节能日光温室 1 月初开始补充加温，在设计温度下的最大采暖负荷为 93 000 瓦。

8.2.2 **采用水暖加温方式。** 室内围绕三面墙体及前底脚基础内侧布置钢制翅片管散热器，选择型号 GC6-50/500-1.0，散热器总长为 147 米。散热器进水口温度 95℃，回水口温度 70℃，流量

3 400 米³/小时。

8.3 **室内土壤加温系统** 采用地中埋设水暖盘管进行根区加温。萌芽期维持0~50厘米土层平均温度在12℃以上。水暖盘管规格为管径Φ20毫米×2.0毫米。进水口温度35℃，回水口温度20℃，流量150米³/小时。材料为PERT管材，水暖盘管深埋50厘米，管间距1米。

9. 温室通风系统设置

9.1 **通风系统设计的气象条件** 设计室外温度取石河子地区夏季（6月）满足90%的平均最高温度32℃。设计室内温度取果树生长适温上限35℃。

9.2 **强制通风系统**

9.2.1 **满足降温要求的通风系统的必要通风量。** 石河子地区设施果树节能日光温室6月初开始必须进行通风降温，在设计室内外温度下的必要通风量为105米³/秒。

9.2.2 **风机配置及布置。** 选取农用低压大流量轴流式风机，型号为SF5系列，工作电压380伏，电机功率为750瓦，风叶直径为500毫米，机身尺寸为570毫米×335毫米（D×L），风量为10 000米³/小时。

风机安放在后墙上开设的通风口内，该通风口设置原理是根据北方气候特点，利用温室后墙阴面空气温度显著低于阳光直射条件下的空气温度，向温室内送风，增加温室内空气流动性，温室内的热空气从顶部通风风口排出，以降低温室温度。通风口的尺寸为60厘米×60厘米，均匀的分布在后屋面上，如附图3所示。

9.3 **机械卷膜通风系统设置** 为配合后屋面排风扇通风，须在前屋面设置机械卷膜通风系统。电动卷膜器型号FG-8040型，功率78瓦。卷膜轴采用Φ25毫米×1.5毫米薄壁镀锌管。卷膜放风口幅宽最大为1.2米。

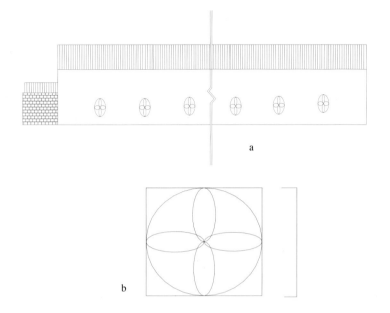

图3　后屋面通风系统及风扇布置示意图

a.风机在后屋面上的布置　b.通风立窗的尺寸

9.4 温室滴管系统设置

滴灌系统地面主管Φ63毫米PE管、辅管Φ32毫米PE管。

主要配套管件：Φ32毫米球阀，Φ32毫米筛网型过滤器（过滤目数150）。

滴箭：Φ16毫米软管，安装内承插倒刺连接器，连接二出或四出3毫米软管，安装弯滴箭。工作压力0.2～2.0巴，流量2.2～3.4升/小时。

9.5 保温被机械卷帘设备　中置悬臂式卷帘机。电机功率2.5千瓦。减速比500：1，输出扭矩1 200牛·米。卷轴长度70米。

9.6 温室电气设计

9.6.1 用电负荷。

①照明灯具总负荷：4×100瓦=400瓦。

②强制通风系统风机总负荷：13×750瓦＝9 750瓦。

③保温被卷帘电机总负荷：1×1 100瓦＝1 100瓦。

④备用用电器总负荷：1 000瓦。

⑤有功计算总负荷为：9 750×0.8＋1 100×1＋1 000×1＝9 900瓦。

⑥无功计算总负荷为：9 750×0.8×0.75＋1 100×1×0.75＋1 000×1×0.75＝7 425瓦。

⑦用电计算总负荷为：12.4千瓦。

9.6.2 **计算电流**。计算电流为12安。

9.6.3 **电线截面选择**。选用铜芯聚氯乙烯绝缘电线，穿管铺设。导线标准截面积2.5毫米^2。

9.6.4 **节能日光温室配电设计**。参照民用建筑电气设计规范JGJ 16—2008中的相关规定。

参考文献

毕咏梅，2018.大棚葡萄无公害栽培技术[J].农业与技术，38(2):89-90.

陈景蕊，2016.银川地区新品种'紫提988'葡萄设施栽培技术[J].北方园艺 (3):43-45.

成果，陈立业，王军，2015.2种整形方式对赤霞珠葡萄光合特性及果实品质的影响[J].果树学报，32(2)215-224.

丁开军，王兆成，冯胜科，2020.浅析设施葡萄套种绿肥栽培技术[J].种子科技，38(13):89-90.

高圣华，吕春晶，2018.葡萄避雨设施栽培在辽宁省的应用初探[J].北方园艺 (12):206-208.

韩国，李柯奋，2020.早熟葡萄日光温室栽培关键技术[J].现代农业科技 (13):62, 64.

贺普超，1999.葡萄学[M].北京:中国农业出版社.

胡建芳，2001.鲜食葡萄优质高产栽培技术[M].北京:中国农业出版社.

胡新喜，熊兴耀，肖海霞，2004.果树设施栽培研究进展[J].河南科技大学学报(农学版)，24(1):44-48.

姜继元，李铭，郭绍杰，等，2013.焉耆垦区克瑞森葡萄叶片营养 DRIS 标准研究[J].干旱区资源与环境，27(12):142-146.

蒯传化，刘三军，孙桂香，2010.黄河中下游地区葡萄晚霜冻害的发生与防治[J].中外葡萄与葡萄酒 (7):45-47.

雷宏军，胡世国，潘红卫，2017.加氧灌溉与土壤通气性研究进

展 [J].土壤学报,54(2):297-308.

李保杰,吴霞玉,吴书宝,2020.临沭县大棚葡萄栽培要点 [J].农技服务,37(7):73-74.

李波,孙君,魏新光,等,2020.滴灌下限对日光温室葡萄生长、产量及根系分布的影响 [J].中国农业科学,53(07):1432-1443.

李东坡,武志杰,梁成华,等,2004.设施土壤生态环境特点与调控 [J].生态学杂志 (5):192-197.

李伏生,陆申年,2000.灌溉施肥的研究和应用 [J].植物营养与肥料学报,6(2):233-240.

李洪艳,2009.土壤水分对葡萄植株生长发育的影响 [D].上海:上海交通大学.

李华,2008.葡萄栽培学 [M].北京:中国农业出版社.

李敏敏,袁军伟,刘长江,等,2016.砧木对河北昌黎产区赤霞珠葡萄生长和果实品质的影响 [J].应用生态学报,27(1):59-63.

李淑玲,何尚仁,杨建国,等,2000.葡萄营养与施肥 [J].北方园艺 (3):19-20.

李雅善,2014.滴灌葡萄不同灌水处理对其耗水规律及品质和产量的影响 [D].杨陵:西北农林科技大学.

李瑛,2015.基于光合特性的设施栽培耐弱光葡萄品种筛选 [D].上海:上海交通大学.

李元,牛文全,许建,2016b.加气滴灌提高大棚甜瓜品质及灌溉水分利用效率 [J].农业工程学报,32(1):147-154.

李志伟,郭金丽,南海风,等,2016.不同栽植模式对葡萄果实品质影响的研究 [J].北方农业学报,44(1):42-45.

李钟晓,2014.葡萄嫁接砧种类与应用建议 [J].西北园艺 (果树)(2):9-10.

刘凤之,王海波,2011.设施葡萄促早栽培实用技术手册 [M].北京:中国农业出版社.

刘怀锋,何虎强,2014.温室大棚葡萄栽培技术 [J].石河子科技 (5):17-18.

卢精林,张红菊,刘志芳,2015.增施钾肥对日光温室葡萄产量和品质的影响 [J].土壤通报,46(3):694-697.

鲁会玲,覃杨,董畅,2020.寒冷地区葡萄树体越冬防寒方法及成本分析[J].中外葡萄与葡萄酒(5):25-27.

马建江,罗树祥,2016.新疆南疆地区"克瑞森"葡萄设施栽培技术[J].北方园艺(6):43-45.

马文娟,同延安,高义民,2010.葡萄氮素吸收利用与累积年周期变化规律[J].植物营养与肥料学报(2):504-509.

马艳春,姚玉新,杜远鹏,等,2015.葡萄设施栽培不同种质年限土壤理化性质的变化[J].果树学报(2):225-231.

毛娟,陈佰鸿,曹建东,2013.不同滴灌方式对荒漠区'赤霞珠'葡萄根系分布的影响[J].应用生态学报,24(11):3084-3090.

聂松青,田淑芬,2015.葡萄矿质营养概况及微生物肥的应用[J].中外葡萄与葡萄酒(5):46-51.

潘明启,张付春,钟海霞,2017.北方葡萄水平棚架"顺沟高厂"树形的高光效、省力化评价[J].果树学报,34(9):1134-1143.

乔宝营,朱运钦,黄海帆,2008.大棚葡萄配方施肥技术研究[J].北方园艺(3):106-107.

容新民,2015.不同树形对五师"红地球"葡萄相关品质的影响[J].北方园艺,333(6)33-36.

阮兆英,祁百福,田晶,2020.深圳地区'阳光玫瑰'葡萄设施标准化栽培[J].广东农业科学,47(6):23-29.

商佳胤,孙建军,李凯,2019.夏季修剪对'巨玫瑰'葡萄生产效率的影响分析[J].中外葡萄与葡萄酒(1):12-15.

苏淑钗,1994.葡萄着色问题研究进展[J].葡萄栽培与酿酒(2):1-4.

孙权,王静芳,王素芳,2007.不同施肥深度对酿酒葡萄叶片养分和产量及品质的影响[J].果树学报(4):455-459.

田运喜,2016.葡萄栽培技术之土肥水管理[J].河南农业(16):15.

王宝亮,王海波,刘凤之,等,2008.北方地区葡萄建园和幼树管理技术[J].辽宁农业科学(6):50-53.

王海波，王宝亮，王孝娣，等，2009.设施葡萄22个常用品种需冷量的研究[J].中外葡萄与葡萄酒 (11):20-22, 25.

王海波，王孝娣，史祥宾，等，2013.葡萄不同品种对设施环境的适应性[J].中国农业科学, 46(6):1213-1220.

王海波，王孝娣，史祥宾，等，2013.葡萄不同品种对设施环境的适应性[J].中国农业科学, 46(6):1213-1220.

王海龙，2011.灌溉量对设施葡萄生理生化特性和品质的影响[D].兰州:甘肃农业大学.

王昊，靳韦，马文礼，2020.宁夏地区夏黑葡萄设施根域限制栽培技术[J].中外葡萄与葡萄酒 (4):44-46.

王蛟龙，2016.三种架式对赤霞珠葡萄叶幕光合、果实品质及生长的影响[D].石河子:石河子大学.

王青风，郁松林，杨双双，2013.设施葡萄不同叶幕类型对果实发育及品质的影响[J].新疆农垦科技 (6):14-17.

吴久赟，刘翔宇，雷静，2018.吐鲁番地区11个葡萄品种的设施栽培特性分析[J].西北农林科技大学学报(自然科学版), 46(3):134-141.

谢海霞，2005.全球红葡萄需肥规律及其高产、优质、高效施肥研究[D].乌鲁木齐:新疆农业大学.

谢计蒙，王海波，王孝娣，等，2012.设施促早栽培适宜葡萄品种的筛选与评价[J]. 中国果树 (4):36-40.

谢计蒙，2012.设施葡萄促早栽培适宜品种的评价与筛选[D]. 北京:中国农业科学院.

徐志达，高小松，孙向军，2014.浅议陕西葡萄安全越冬与砧木选择[J].西北园艺(果树) (2):6-9.

许娥，2011.果园水肥一体化高效节水灌溉技术试验[J].中国果菜 (4):34-37.

杨俐苹，2015.葡萄园水肥一体化养分管理技术[J].中外葡萄与葡萄酒 (4):36-39.

杨治元，2009.葡萄营养与科学施肥[M].北京:中国农业出版社.

叶子飘, 2010.光合作用对光和CO_2响应模型的研究进展[J].植物生态学报, 34(6):727-740.

殷飞, 黄金林, 胡宇祥, 等, 2016.不同灌水量对大棚葡萄生长、品质和水分利用效率的影响[J].灌溉排水学报, 35(5):85-88.

张朝轩, 扬天仪, 骆军, 2010.不同肥料及施用方式对巨峰葡萄叶片光和特性和果实品质的影响[J].西南农业学报, 23(2):440-443.

张承林, 邓兰生, 2012.水肥一体化技术[M].北京:中国农业出版社.

张国军, 王晓玥, 孙磊, 2017.北京地区温室葡萄一年两季结果栽培技术[J].中外葡萄与葡萄酒 (5):49-55.

张婷, 梁醒玲, 钟宁江, 等, 2013.水肥一体化技术在梅州金柚种植上的应用[J].现代园艺 (19):39-40.

张正红, 2013.调亏灌溉对设施葡萄生长及光合指标影响研究[D].兰州:甘肃农业大学.

周敏, 毛曦, 陈环, 2017.葡萄钾营养及其在果实中积累的研究进展[J].果树学报, 34(6):752-761.

朱盼盼, 王录俊, 李蕊, 2020.'红地球'葡萄避雨栽培及"Y"形架三带整枝技术[J].落叶果树, 52(4):57-58.

朱艳, 蔡焕杰, 宋利兵, 2016.加气灌溉下气候因子和土壤参数对土壤呼吸的影响[J].农业机械学报, 47(12):223-232.

Brighenti AF, Rufato L, Kretzschmar AA, et al., 2012. Effect of different rootstocks on productivity and qualityof ' Cabernet Sauvignon ' prapevine produced in high altitude reglons of santa catarinz state, brazil[J]. Acta Horticulturae (931):379-384.

Butler JL, Bottomley PJ, Griffith SM, et al., 2004. Distribution and turnover of recentlyfixed photosynthate in ryegrass rhizospheres[J]. Soil Biology & Biochemistry, 36:371-382

Cohen SD, Tarara JM, Kennedy JA, 2008. Assessing the impact of temperature on grape phenolic metabolism[J]. Analytica Chimica Acta, 621(1):57-67.

Dietrichson, 1964. The selection problem and growth rhythm [J]. Silvea Genetica,

13:178-180.

Granato D, Carrapeiro MM, Fogliano V, et al., 2016. Effects of geographical origin, varietal and farming system on the chemical composition and functional properties of purple grape juices: A review[J]. Trends in Food Science & Technology, 52:31–48.

Gutiérrez-Gamboa G, Gómez-Plaza E, Bautista-Ortín AB, et al., 2019. Rootstock effects on grape anthocyanins, skin and seed proanthocyanidins and wine color and phenolic compounds from Vitis vinifera L. Merlot grapevines[J]. Science of Food and Agriculture, 99(6):2846-2854.

Howell CL, Myburgh PA, Conradie WJ, 2013. Comparison of three different fertigation strategies for drip irrigated table grapes-part Ⅲ. Growth, yield and quality[J].South African Journal of Enology and Viticulture, 34(1):21-29.

Joshi SC, Palni LMS, 2005. Greater sensitivity of Hordeum himalayens Schult to increasing temperature causes reduction in its cultivated area [J]. Current Science, 89:879-882.

Mever-aurich A, Gandorfer M, Trost B, et al., 2016. Risk efficiency of irrigation to cereals in northeast Germany with respect to nitrogen fertilizer[J].Agricultural Systems, 149:132-138.

Miele A, Rizzon LA, 2019. Rootstock-Scioninteraction: 3. Effect on the compositionof Cabernet Sauvignon wine[J]. Revista Brasileira de Fruticultura, 41(1).

Richardson EA, Seeley SD, Walker DR, et al., 1974.A model for estimating the completion of rest for 'Redhaven' and 'Elberta' peach trees[J]. Hort Science, 9(4):331-332.

Smith P, Haberl H, Popp A, 2013. How much land-based greenhouse gas mitigation can be achieved without compromising food security and environmental goals[J]. Global Change Biology, 19:2285-2302.

Walker RR, Clingeleffer PR, Kerridge GH, et al., 1998.Effects of the rootstock

Ramsey (Vitischampini) on ion and organic acid composition of grapes and wine, and on wine spectral characteristics[J]. Australian Journal of Grape and Wine Research, 4(3):100-110.

Zeng CZ, Bie ZL, Yuan BZ, 2009. Determination of optimum irrigation water amount for drip-irrigated muskmelon (Cucumis melo L.) in plastic greenhouse[J]. Agricultural WaterManagement, 96(4):595-602.

Zhang JX, Wu XC, Niu RX, et al. , 2012.Cold-resistance evaluationin 25 wild grape species[J]. Vitis, 51(4):153-160.

图书在版编目（CIP）数据

北方寒区设施葡萄水肥一体化栽培技术/刘怀峰主编. —北京：中国农业出版社，2022.2
ISBN 978−7−109−28964−2

Ⅰ.①北… Ⅱ.①刘… Ⅲ.①寒冷地区−葡萄栽培−设施农业−水肥管理−研究−北方地区 Ⅳ.①S628

中国版本图书馆CIP数据核字（2021）第255343号

中国农业出版社出版
地址：北京市朝阳区麦子店街18号楼
邮编：100125
责任编辑：李 蕊 黄 宇
版式设计：王 晨 责任校对：吴丽婷 责任印制：王 宏
印刷：中农印务有限公司
版次：2022年2月第1版
印次：2022年2月北京第1次印刷
发行：新华书店北京发行所
开本：880mm×1230mm 1/32
印张：3.75
字数：90千字
定价：42.00元